Dr. Sandra Foltin

Black Dog

Depressionen und andere psychische Erkrankungen beim Hund

Kynos

Konrad-Zuse-Straße 3, D-54552 Nerdlen/Daun
Telefon: 06592 957389-0
www.kynos-verlag.de

Grafik & Layout: Kynos Verlag
Gedruckt in Lettland

ISBN 978-3-95464-311-0

Bildnachweis:
Alle Grafiken: Kynos Verlag, außer:
Titelfoto: Tsvetkova-adobe.stock.com
S.19: Antje-adobe.stock.com
S.123: Kynos Verlag unter Verwendung des Fotos von Tatiana Shepeleva-adobe.stock.com

Inhaltsverzeichnis

Vorwort 6

Einführung 8

1. Psychische Erkrankungen beim Hund? 11

Tiermodelle 13

Und wie sollen wir das nun herausfinden? 14

Diagnostischer Ansatz 14

2. Domestikation und unsere gemeinsame Geschichte 17

Soziale Anforderungen an Haushunde und damit verbundene Verhaltensprobleme 21

Andere menschliche Einflüsse 25

Emotionale Ansteckung 25

Synchronisation 25

3. Welche psychischen Krankheiten sind bisher beim Hund beschrieben worden? 33

Essstörungen 34

Fettleibigkeit – Adipositas 38

Das Pica-Syndrom 39

Auswirkungen auf die Gesundheit und die Mensch-Hund-Beziehung 43

Angststörungen 44

Natürliche im Gegensatz zu krankmachender Angst 44

Angststörungen und deren Auslöser 45

Ursachen von Angststörungen 46

Eine Beispielstudie: Hundetrainer und Trennungsangst 47

Pharmakologie 51

Generalisierte Angststörung (GAD) ... 52
Furcht und Angst – die Unterschiede ... 52
Angst und Leistung ... 54
Integrative Modelle ... 55
Medizinische Tests ... 55
Mögliche Behandlungsmethoden ... 57
Zwangsstörungen (Obsessive compulsive disorder (OCD) oder canide Zwangsstörung (canine compulsive disorder – CCD) ... 58
Imaginäre Fliegen jagen ... 62
Schattenjagen ... 63
Schwanzjagen ... 63
Flankensaugen ... 70
Trance-ähnliches Syndrom (Trance-like Syndrome TLS) ... 71
Kanide Zwangsstörungen (Canine compulsive disorder – CCD) – eine Studie ... 73
ADHS Aufmerksamkeitsdefizit-/Hyperaktivitätsstörung ... 76
Das Belohnungssystem ... 80
Beispiel einer Diagnose ... 82
Genetik ... 83
Soziale und physische Faktoren ... 84
Posttraumatische Belastungsstörung (PTBS) ... 89
Asperger ... 98
Autismus ... 99
4. Depressionen ... 109
Entstehung ... 112
Pränatale Einflüsse ... 112
Postnatale Einflüsse ... 113
Bindung ... 116
Das Panik-Trauer-System ... 122
Symptome ... 125

Burn-out ... 126
Bore-out ... 127
Lösungsansätze bei Depressionen ... 128

5. Trauer ... 129

Trauer ist nicht Depression ... 133
Trauerphasen ... 134

6. Lösungsansätze ... 137

Resilienz fördern! ... 138
Neurobiologie der Resilienz ... 139
Persönlichkeit ... 140
Mütterliche Fürsorge ... 142
Stressoren im frühen Leben, andere Widrigkeiten und das Umfeld des Heranwachsenden ... 142
Bindung und soziale Beziehungen ... 144
Körperliche Aktivitäten ... 145
Genetik ... 146
Epigenetik ... 147
Medikamente ... 148
Neurotransmitter ... 149

7. Fazit ... 155

Danksagung ... 158
Über die Autorin ... 159
Index ... 160

Vorwort

„Psychische Gesundheit ist ein Zustand des Wohlbefindens, in dem eine Person ihre Fähigkeiten ausschöpfen, die normalen Lebensbelastungen bewältigen, produktiv arbeiten und einen Beitrag zu ihrer Gemeinschaft beitragen kann. Psychische Störungen stellen Störungen der psychischen Gesundheit dar, die oft durch eine Kombination von belastenden Gedanken, Emotionen, Verhaltensweisen und Beziehungen zu anderen gekennzeichnet sind. Beispiele für psychische Störungen sind Depressionen, Angststörungen, Verhaltensstörungen, bipolare Störungen und Psychosen. Psychische Gesundheit und Wohlbefinden werden nicht nur durch individuelle Merkmale beeinflusst, sondern auch durch die sozialen Umstände, in denen sich Individuen befinden und die Umgebung, in der sie leben.“ (WHO[1] 2019)

Psychische Gesundheit ist eine wesentliche Voraussetzung für Lebensqualität, Leistungsfähigkeit, Resilienz, Wohlergehen und soziale Teilhabe. Beeinträchtigungen der psychischen Gesundheit sind beim Menschen weit verbreitet und reichen von leichten Einschränkungen des seelischen Wohlbefindens bis zu schweren psychischen Störungen und gehen mit erheblichen individuellen und gesellschaftlichen Folgen einher[2]. Aufgrund ihrer weiten Verbreitung haben insbesondere Depressionen, Angststörungen, Suchterkrankungen und Demenzerkrankungen große Public-Health-Relevanz. Und wie ist das beim Hund? Psychische Beeinträchtigungen beeinflussen auch bei unseren Vierbeinern deren körperliche Gesundheit und vor allen Dingen ihr emotionales Wohlbefinden und die WHO-Definition findet auch auf sie Anwendung. Da psychopathologisches Verhalten auch die Beziehung zwischen Hund und Halter negativ beeinflussen kann, wird ein besseres Verständnis der Umwelt-, Lebensstil- sowie molekularen und genetischen krankheitsbeeinflussenden Faktoren sowohl dem Hund als auch seinem Menschen zugutekommen.

Wir haben eine eigene Videoseite zum Buch im Netz erstellt, auf der Sie unter anderem einige Fallbeispiele von der Autorin mit der Tierärztin und Verhaltensspezialistin Maria Hense analysiert sehen. Auf die Videobeispiele wird auf den entsprechenden Buchseiten verwiesen.

Hier geht's zu den Filmbeiträgen:
https://www.hundebuchshop.com/nextshopcms/Videolinks-Black-Dog.htm

1 World Health Organisation, Weltgesundheitsorganisation
2 https://www.rki.de/DE/Content/GesundAZ/P/Psychische_Gesundheit/Psychische_Gesundheit_node.html

ICH HATTE EINEN SCHWARZEN HUND, SEIN NAME WAR DEPRESSION[3]

Die WHO erzählt gemeinsam mit dem Schriftsteller und Zeichner Matthew Johnstone die Geschichte „I had a black dog, his name was depression".[4]

Winston Churchill[5] litt unter Depressionen und nannte diese seinen „schwarzen Hund".

Churchill war durch seine Erkrankung häufig so gelähmt, dass er viel Zeit im Bett verbrachte, wenig Energie hatte, sich für wenig interessierte, seinen Appetit verlor und sich nicht konzentrieren konnte. Er war kaum noch funktionsfähig. Diese „dunklen Perioden" dauerten einige Wochen bis hin zu einigen Monaten. In einem Brief an seine Frau Clementine schrieb er 1911, nachdem er erfahren hatte, dass die Frau eines Freundes von einem deutschen Arzt Hilfe gegen Depressionen erhalten hatte:

„Ich glaube, dieser Mann könnte mir nützlich sein – wenn mein schwarzer Hund zurückkehrt. Er scheint jetzt ganz weit weg von mir zu sein – es ist eine solche Erleichterung. Alle Farben kommen zurück ins Leben".

3 https://www.youtube.com/watch?v=XiCrniLQGYc

4 https://www.youtube.com/watch?v=XiCrniLQGYc Übersetzung: Ich hatte einen schwarzen Hund und sein Name war Depression.

5 Sir Winston Leonard Spencer-Churchill (* 30. November 1874 in Blenheim Palace, Oxfordshire; † 24. Januar 1965 in London) gilt als bedeutendster britischer Staatsmann des 20. Jahrhunderts. Er war zweimal Premierminister – von 1940 bis 1945 sowie von 1951 bis 1955 – und führte Großbritannien durch den Zweiten Weltkrieg. Zuvor hatte er bereits mehrere Regierungsämter bekleidet, unter anderem das des Innenministers, des Ersten Lords der Admiralität und des Schatzkanzlers. Darüber hinaus trat er als Autor politischer und historischer Werke hervor und erhielt 1953 den Nobelpreis für Literatur.

Einführung

Wenn sich Hunde im Laufe der Domestikation mit uns entwickelt haben, ist es dann möglich, dass sie auch an vergleichbaren psychischen Störungen leiden wie wir? Immer mehr Studien deuten darauf hin, dass die Antwort ja lautet. So wird zunehmend anerkannt, dass unsere Haushunde eine Reihe von psychischen Krankheitsbildern zeigen können: Vom posttraumatischen Stresssyndrom über Angstzustände bis hin zu Zwangsstörungen, Süchten und Depressionen – Hunde sind von psychischen Beeinträchtigungen offenbar nicht ausgenommen.

Die pharmakologische Forschung zu Medikamenten zum Beispiel gegen Depressionen beim Menschen findet an Tieren statt. Das wäre wenig sinnvoll, wenn Tiere keine entsprechenden Symptome zeigen würden. Die an Depressionen beteiligten Hirnstrukturen gibt es bei Menschen wie bei Hunden. Auch beteiligte Neurotransmitter wie Serotonin und Dopamin gibt es bei beiden und sie haben vergleichbare Funktionen.

Reaktionen von Trauer und Apathie zeigen zwar nicht alle, aber viele Tiere. Sicher ist: Tiere können wie wir Menschen psychisch auffällig werden. Zu den Ursachen psychischer Erkrankungen bei Hunden zählen Umwelteinflüsse, körperliche Grunderkrankungen, aber auch Fehler im Umgang und in der Haltung. Aversive Trainingsmethoden können sowohl die körperliche als auch die psychische Gesundheit von Hunden mittel- und langfristig gefährden.

Die Erforschung psychischer Beeinträchtigungen bei Tieren steht noch am Anfang. Die Ursache für psychische Erkrankungen zum Menschen gleichzustellen, weil das Verhalten dem von Menschen ähnlich ist, muss deswegen genau diskutiert werden.

Erkenntnisse über Depressionen im Tierreich sind spärlich, allein schon, weil ein depressives Tier in freier Wildbahn nicht überlebensfähig wäre, da es sich keine passiven Phasen der Zurückgezogenheit oder Apathie leisten kann.

Anders unsere Haushunde. Sie werden auch dann versorgt, wenn es ihnen nicht gut geht. Eine genetische Veranlagung zur Entwicklung einer Depression ist kein Zuchtausschluss, beteiligte Gene werden demzufolge weitergegeben. Hunde werden seit Jahrtausenden vom Menschen gezüchtet und durch die Formalisierung der modernen Rassen wie sie vor ca. 300 Jahren stattfand, verringerte sich der genetische Pool maßgeblich[6]. Folglich zeichnen sich die meisten modernen Rassen durch eine sehr begrenzte genetische Vielfalt aus.

Im letzten Jahrhundert hat sich das typische Leben vieler Hunde dramatisch verändert: Sie leben nun im Haus und sind zu unseren Begleitern und häufig Familienmitgliedern geworden. In vielerlei Hinsicht scheint dieser Wandel zu einer Verbesserung des Wohlergehens von Hunden geführt zu haben. Allerdings haben sich die Bewegungs-, Kontakt- und Sozialisierungsmöglichkeiten der Hunde dadurch massiv reduziert und viele Hunde, die in der Vergangenheit frei waren, leben heute auf engem Raum und isoliert. Darüber hinaus hat die selektive Zucht von Hunden, die weitgehend von menschlichen ästhetischen Idealen und Vorstellungen einer Rasse bestimmt wird, die Hundepopulationen im gleichen Zeitraum dramatisch verändert.

Wir wissen nicht genau, inwieweit Beeinträchtigungen der psychischen Gesundheit bei unseren Hunden verbreitet sind. Veterinäre gehen davon aus, dass jeder fünfte Hund an einer psychischen Erkrankung leidet[7]! Beeinträchtigungen gehen mit erheblichen individuellen Folgen einher und beeinflussen die körperliche und emotionale Gesundheit. Insbesondere Depressionen, Angststörungen, Suchterkrankungen und Demenzerkrankungen sind vermehrt bei den (in westlichen bzw. industrialisierten Gesellschaften lebenden) Hunden von Relevanz. Studien erheben im Rahmen des Gesundheitsmonitorings bei Hunden keine regelmäßigen Daten zur psychischen Gesundheit, psychischen Auffälligkeiten, psychischen Störungen oder Risiko- und Schutzfaktoren[8].

Psychische Probleme bei Hunden sind häufig eine Reaktion auf eine Veränderung in ihrem Leben. Manche Hunde sind sehr sensibel und können schon bei scheinbar kleinen Dingen Depressionen oder Ängste entwickeln. Zu den bedeutenderen Ereignissen, die sich auf die psychische Gesundheit unseres Hundes auswirken können, gehören ein Neuzugang im Haushalt, z. B. ein neues Baby, ein Mitbewohner oder ein Haustier oder Veränderungen in der Routine, wenn die Kinder wieder zur Schule gehen, der Arbeitsplatz gewechselt oder nach Corona nicht mehr im Homeoffice gearbeitet wird. Auch der Verlust wie der Tod eines Familienmitglieds oder eines anderen Haustiers verursachen häufig psychische Veränderungen.

Zudem können Hunde Anzeichen für psychische Probleme zeigen, wenn sie Traumatisches erleben, zum Beispiel, wenn sie von einem anderen Hund gebissen werden oder eine Katastrophe wie aktuell einen Krieg oder einen Vulkanausbruch erleben, aber auch, wenn sie einem traumatischen Erlebnis beiwohnen.

6 Parker, H.G. et al. 2004 Genetic structure of the purebred domestic dog. *Science* 304, 1160–1164.
7 https://www.petprofessional.com.au/info-centre/mental-health-for-dogs/
8 Meyer-Holzapfel, M. Erforschung des Tierverhaltens – Weg zum Menschen? In: V. Faust (Hrsg.): *Psychiatrie – ein Lehrbuch für Klinik, Praxis und Beratung.* Gustav Fischer-Verlag, Stuttgart-Jena-New York 1996.

Es ist wichtig, daran zu denken, dass Symptome von Depressionen und Angstzuständen Anzeichen von Krankheiten sein können, die diagnostiziert und behandelt werden müssen.

Hauptauslöser aller psychischen Erkrankungen beim Hund ist jedoch der Mensch: Durch schlechte Zuchthygiene, gewaltbasierte Trainingsmethoden, Welpenvermehrer und den Einsatz diverser Zwangsmittel. Zudem können wir auch die eigenen Befindlichkeiten auf unseren Hund durch Synchronizität oder emotionale Ansteckung übertragen.

Zu einer verantwortungsvollen Hundehaltung gehört demnach, dass wir uns um die eigene und die psychische Gesundheit unserer Hunde sorgen.

1.

Psychische Erkrankungen beim Hund?

Psychische Störungen werden nach der psychoanalytischen und tiefenpsychologischen Schule als „kreative Lösungen des Unterbewusstseins" angesehen, vereinfacht: „Jedes Symptom hat eine Funktion"[9]. So kann ein Aufmerksamkeitsdefizitsyndrom als abgewehrte Depression verstanden werden oder eine Panikstörung als Ausdruck eines inneren, ansonsten unaushaltbaren Konfliktes. Dieser Erklärungsansatz versteht sich nicht als Gegenentwurf zu den in den letzten Jahren zunehmenden neurobiologischen Erklärungsmodellen, sondern als ein zusätzlicher Ansatz und Aspekt. Niemand würde denken, dass ein an einer Depression erkrankter Hund ausschließlich aufgrund der neurobiologischen Transmitterveränderung im Gehirn eine Depression entwickelt, sondern diese vielmehr eine multifaktorielle Entstehungsgeschichte hat. Der Hund ist im Kern ein „biopsychosoziales" Lebewesen, daher sind für die überwiegende Anzahl der psychiatrischen Erkrankungen verschiedene Faktoren wie Genetik, gesundheitliche Risikofaktoren während der Trächtigkeit der Hündin, Geburt und Welpenalter, aber auch frühe Beziehungserfahren und einschneidende Lebensereignisse, Bindungsparameter, aktuelle Lebensumstände und Coping Mechanismen ausschlaggebend[10].

In den letzten Jahren hat der translationale[11] Ansatz, der darauf abzielt, die Kluft zwischen der Grundlagenforschung an Tieren und der medizinischen Praxis zu überbrücken, stark an Popularität gewonnen. Das gilt auch für den Bereich der Psychiatrie und insbesondere für affektive Störungen, einen Zweig, der Depressionen und Angststörungen umfasst. Im Rahmen dieser translationalen Medizin soll ein solider Ansatz sowohl die Forschung vom Labor zum Krankenbett (vom Tier zum Menschen bzw. von der Grundlagenforschung zur klinischen Forschung) als auch die „Rückübersetzungsforschung" (vom Menschen zum Tier) umfassen[12]. Die meisten Anstrengungen gelten der erstgenannten Richtung und konzentrieren sich auf die Entwicklung von Tiermodellen. Leider gibt es nur wenige Forschungsarbeiten, die den umgekehrten Weg beschreiten.

Für den Forschungsbereich der psychischen Erkrankungen beim Hund brauchen wir mehr Theorien über das Wesen des z. B. depressiven Zustands; die entscheidende Bedeutung einiger dysfunktionaler Prozesse (zum Beispiel, dass Hilflosigkeit oder Anhedonie zentrale Symptome der Depression sind); die Dynamik einer Störung (z. B. den biphasischen Verlauf einer Depression). Aber eben auch die häufigsten Auslöser (Stress; Trennung); die Bedeutung einiger spezifischer Merkmale dieser Ereignisse

9 „Psychische Krankheit stellt die Manifestation eines Prozesses dar, der in allen Bereichen der menschlichen Persönlichkeit verankert ist, diese von frühester Kindheit an mitprägt und häufig die Eigenart der Persönlichkeit bestimmt. Daher ist dieser Prozess mit allen Reifungs- und Entwicklungsphasen des Lebens eng verbunden." Argelander H. *Das Erstinterview in der Psychotherapie.* 10. Auflage 2014. WBG-Verlag.

10 McKinney, W.T., Bunney, W.E. Animal models of depression. *Arch. Gen. Psychiat.* 1969, 127: 240–248.

11 von englisch: translation = übersetzen. Aktivitäten und Maßnahmen, die sich mit der Umsetzung von Forschungsergebnissen aus der Medizin in der Gesundheitsversorgung beschäftigen. Translationale Medizin oder Forschung verbindet die Grundlagenforschung mit der praktischen Anwendung von Forschungsergebnissen in der Praxis. Zugleich lassen sich auf diese Weise Fragestellungen aus der Praxis zurück an die Wissenschaftler tragen.

12 Belzung, C., Lemoine, M. Criteria of validity for animal models of psychiatric disorders: focus on anxiety disorders and depression. *Biol. Mood Anxiety Disord* 1, 9 (2011). https://doi.org/10.1186/2045-5380-1-9

(Unkontrollierbarkeit oder Unvorhersehbarkeit der Stressoren als zentrale Mechanismen) und die Beteiligung zugrunde liegender biologischer Prozesse (z. B. die Beteiligung einer Störung des Belohnungssystems im Gehirn).

Es gibt also noch viel zu tun!

Tiermodelle

Um Anwendbarkeit zu finden, brauchen wir eine Übereinstimmung zwischen den Organismen, was die Entstehung, den Verlauf und die Symptome betrifft.

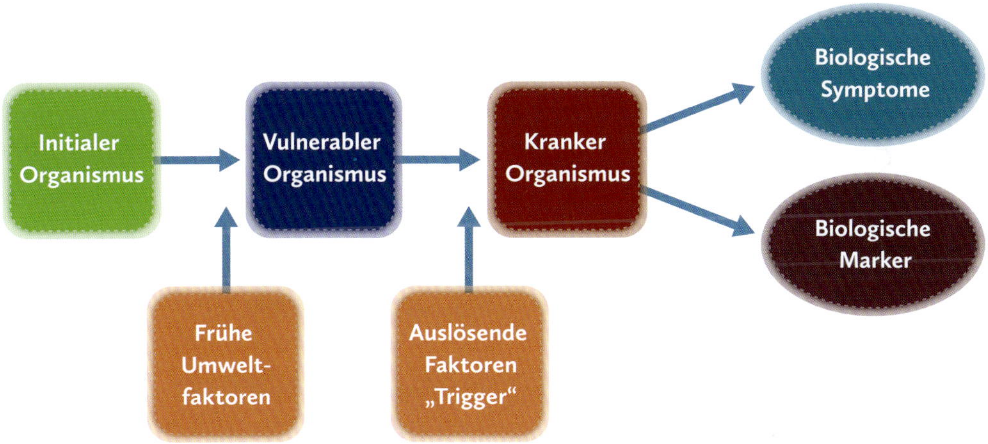

Ein Rahmen für Tiermodelle. Tiermodelle sollen nicht nur einer menschlichen Funktionsstörung ähneln, auch die Prozesse, durch die Tier und Mensch in diesen Zustand geraten, müssen ähnlich sein, um wissenschaftliche Verwendung zu finden. Hier ist eine vereinfachte Darstellung, wie dies geschieht[13].

Hier sehen wir, wie ein Individuum durch frühe Umweltfaktoren beeinflusst wird: positiv, so dass es eine hohe Resilienz entwickeln kann oder negativ, sodass eine erste „Schwachstelle“ entsteht, die den Organismus bereits schwächt und anfälliger für Krankheitsprozesse macht. Ist der Organismus erst einmal anfällig, reicht häufig ein Auslöser aus, um ein Krankheitsbild entstehen zu lassen. Ein Auslöser kann entweder ein sehr belastendes Einzelereignis sein (Trauma) oder eine Reihe von Traumata über einen längeren Zeitraum. Das Individuum zeigt nun Symptome und anhand der Biomarker wie Kortisol können wir bestimmte Pathologien verorten und vergleichen, um diese dann zu bestimmen.

13 Belzung, C., Lemoine, M. Criteria of validity for animal models of psychiatric disorders: focus on anxiety disorders and depression. *Biol. Mood Anxiety Disord* 1, 9 (2011). https://doi.org/10.1186/2045-5380-1-9

Und wie sollen wir das nun herausfinden?

Da Hunde nicht sprechen können, können sie uns auch nicht sagen, ob sie traurig oder niedergeschlagen sind. Auch wenn sich dies durch Neuroimaging[14] bald bis zu einem bestimmten Grad ändern könnte, müssen wir uns derzeit auf das Verhalten unserer Hunde verlassen, um auf ihre Gefühle zu schließen. Wenn Hunde beispielsweise verängstigt sind, zeigen sie charakteristische Verhaltensweisen wie Zittern, Verstecken, Speicheln oder Kratzen an der Tür, um zu entkommen, Auf- und Ablaufen, Bellen, Winseln oder Urinieren. Das bedeutet, dass wir als Mensch unseren Hund lesen können müssen. Hier beginnt meist bereits die Problematik, da ein Großteil aller Hundehalter weder Stress- noch Beschwichtigungssignale erkennen. Auch, weil es in den klassischen Hundeschulen nicht gelehrt wird.

Diagnostischer Ansatz

Verhaltensprobleme bei Hunden verbessern sich häufig, wenn ein sachkundiger Tierarzt, individuell für das jeweilige Tier angepasst, Humanpräparate gegen Depressionen und Angstzustände verschreibt. Serotonin- und Noradrenalin-Wiederaufnahmehemmer gehören zu den am häufigsten verschriebenen Medikamenten in der Verhaltensmedizin für Tiere. Andere sind Benzodiazepine, trizyklische Antidepressiva, Betablocker und sogar Lithium. In der Tat ist das Psychopharmakopotenzial bei Hunden fast dasselbe wie bei Menschen. Die Tatsache, dass diese Medikamente bei Hunden wirken, spricht für gemeinsame biologische Mechanismen der Stimmungsregulierung. Und im Gegensatz zum Menschen sind Hunde nicht anfällig für Placebo-Effekte (auch wenn ihre Besitzer das vielleicht sind, weil sie eine Verbesserung des Hunde Verhaltens erwarten).

Keinesfalls sollten Medikamente von einem Laien – ob Hundetrainer oder Halter – dem eigenen Tier verabreicht werden!

Das ist ein Grund mehr, sich genauer anzusehen, was in den Köpfen der Hunde vor sich geht. Menschliche Krankheiten werden hauptsächlich anhand von Symptomen diagnostiziert. Laut dem Diagnostic and Statistical Manual of Mental Disorders (DSM-5) der American Psychiatric Association (APA) sind Depressionen zum Beispiel durch gedrückte Stimmung, verminderte Freude, verlangsamtes Denken, Müdigkeit oder Motivationslosigkeit gekennzeichnet. Ein messbares Symptom ist eine Gewichtsveränderung. Ähnlich verhält es sich mit der

14 Neuroimaging (englisch Bildgebung des zentralen Nervensystems) bezeichnet die medizinische Abbildung des Nervensystems und ist ein bildgebendes Verfahren. Sowohl Anatomie, dynamische Vorgänge wie Durchblutung oder Liquorfluss sowie Funktion können bildhaft dargestellt werden. Quelle: https://de.wikipedia.org/wiki/Neuroimaging.

generalisierten Angststörung, die mit übermäßigen Ängsten und Sorgen, Unruhe, Müdigkeit, Konzentrationsschwäche, Muskelschmerzen und Schlafproblemen einhergeht. Um nun die psychischen Krankheitsbilder wissenschaftlich zu beschreiben und einzuordnen müssen wir Kriterien schaffen, die nachprüfbar und generalisiert anwendbar sind. Und zwar in Bezug auf die Hunde! Nur nachprüfbare, objektive Merkmale und Hinweise haben Gültigkeit, um tatsächlich eine psychische Erkrankung beim Hund zu diagnostizieren.

Viele von uns kennen wahrscheinlich die Befindlichkeiten des eigenen Hundes – so auch, wenn dieser „trauert" oder „deprimiert" ist. Um allerdings wissenschaftlich basiert zu arbeiten und zu behandeln, brauchen wir feste Eckdaten, die überprüfbar sein müssen!

Dieses Schaubild zeigt die wichtigsten Eckpunkte, die erfüllt sein müssen, damit eine fundierte Basis für die Beschreibung und Diagnose psychischer Krankheitsbilder beim Hund geschaffen werden kann:

Kriterien der psychiatrischen Erkrankungen, wie sie in ICD-10 und DSM aufgeführt sind:

Das bedeutet, um wirklich von einem Krankheitsbild sprechen zu dürfen, wie wir es in der Humanmedizin tun, brauchen wir: Die **Ätiologie**, das bedeutet die Ursache der Krankheitsentstehung. Es gibt drei grundlegende Methoden der Ätiologie: Die *Causa* (lat. für „Ursache") – wir suchen nach „kausalen" Gründen einer Krankheit. Die *Contributio* (lat. für „Förderung, Beitrag"), also der Zusammenhang im Sinne einer Ursache-Folge-Beziehung und die Korrelation (*Correlatio*, lat. für „Korrelation, Zusammenhang") schaut, ob es Verbindungen gibt bei Krankheiten, die keine klaren bzw. erforschten Ursache-Folge-Beziehungen haben. Die Entstehung eines Krankheitsbildes sollte demnach auch beim Hund eine nachvollziehbare Ursache haben.

Des Weiteren muss der Hund eine vergleichbare Symptomatik für das beschriebene Krankheitsbild aufweisen. Dazu gehört eine entsprechende Biochemie – beispielsweise in Zusammenhang mit den Neurotransmittern und den Ansatzorten der Medikation.

Zudem sollten die gleichen Reaktionen auf gleichartige Behandlung zutreffen – also, wie oben erwähnt, objektive Nachweise das Antidepressiva auch beim Hund sein Verhalten, seine Blutwerte etc. pp. verändern.

Und um zu definieren, ob es sich um eine Krankheit handelt, und wenn ja um welche, brauchen wir ein immer gleich anwendbares Protokoll bzw. eine fest definierte Vorgabe. Und dazu wird im Bereich der psychischen Erkrankungen der ICD oder der DSM benutzt.

Die ICD (International Classification of Diseases) ist derzeit bei der 11. Version der internationalen statistischen Klassifikation der Krankheiten und verwandter Gesundheitsprobleme. Er wurde erstellt von der Weltgesundheitsorganisation. Der ICD enthält Codes für Krankheiten, Anzeichen und Symptome, auffällige Befunde, Beschwerden, soziale Umstände und äußere Ursachen von Verletzungen oder Krankheiten.

DSM ist die Abkürzung für Diagnostic and Statistical Manual of Mental Disorders, auf Deutsch: „Diagnostischer und statistischer Leitfaden psychischer Störungen". Das DSM ist das dominierende psychiatrische Klassifikationssystem und wird von der Amerikanischen Psychiatrischen Gesellschaft (APA) herausgegeben. Das DSM wird in diesem Buch mit den aktuellen Definitionen benutzt.

2.

Domestikation und unsere gemeinsame Geschichte

Meyer et al. (2022)[15] verglichen in ihrer Studie das Wohlergehen von Haushunden mit dem von modernen Dorfhunden, da Hunde, geschichtlich gesehen, die meiste Zeit als Dorfhunde gelebt haben. Dorfhunde sind Hunde, die menschennah und an Menschen angeschlossen leben, allerdings die Freiheit besitzen, sich selbstentscheidend zu bewegen. Sie halten sich um menschliche Siedlungen oder Dörfer auf, ernähren sich meist von Abfall oder Erbetteltem und leben auf der Straße. Wir finden sie heute immer noch – wenn auch nicht mehr in Deutschland – in den meisten Ländern der Welt: Ob in Ost- oder Südeuropa, Asien oder Afrika. Daher kann dieser Vergleich als gute Grundlage für die Bewertung der Auswirkungen der „petification" von Hunden dienen. Der typische Vorstadt- oder Stadthund hat im Vergleich zum typischen Dorfhund in vielerlei Hinsicht ein gutes Leben. Dies gilt insbesondere für die Sicherheit, die Befriedigung der Ernährungsbedürfnisse (obwohl Haushunde Probleme mit einer hohen Prävalenz von Fettleibigkeit haben) und eine angemessene tierärztliche Versorgung. In anderer Hinsicht leidet der moderne Hund jedoch häufig unter einer Reihe von durch den Menschen verursachten Problemen, die zu einem schlechten Wohlergehen führen. Untersucht wurden zwei zentrale Herausforderungen für Haushunde: 1) unrealistische soziale Anforderungen, die zu Ängsten, Depressionen und Aggressionen führen können, und 2) schlechte Zuchthygiene, die bei vielen Haushunden zu zuchtbedingten – auch psychischen – Krankheiten führt.

Während Hunde historisch verschiedene Rollen als Wächter, Hirten, Jagdhelfer und Gefährten erfüllten[16], führten Industrialisierung und Urbanisierung zu Veränderungen im menschlichen Lebensstil, die auch die Beziehung zwischen Mensch und Hund beeinträchtigte, wobei Hunde hauptsächlich zu Begleittieren und Mitbewohnern wurden[17]. Hunde, die von einer einzigen modernen Rasse abstammen (reinrassige Hunde), überwiegen in genetischen Studien, die sich ihre ungewöhnliche Populationsgeschichte und begrenzte genetische Vielfalt zunutze machen, stellen aber nur eine Minderheit aller Hunde dar[18]. Mehr als 80 % der fast 1 Milliarde Hunde auf der Erde leben frei und stehen nicht unter menschlicher Kontrolle (z. B. Dorfhunde).

Unsere Haushunde sind inzwischen Teil und Auslöser einer Multi-Millionen Euro-Industrie, die Spezialfutter, tierärztliche Versorgung, Spielzeug, Zubehör, Dienstleistungen und Waren anbietet[19]. Ihr Lebensstil unterscheidet sich stark von dem Leben, das Hunde in der Vergangenheit als Freigänger geführt haben. Viele Hunde gehen heute nur in Begleitung ihres Besitzers und an der Leine nach draußen und

15 Meyer, I., Forkman, B., Fredholm, M., Glanville, C., Guldbrandtsen, B., Izaguirre, E. R., ... & Sandøe, P. (2022). Pampered pets or poor bastards? The welfare of dogs kept as companion animals. *Applied Animal Behaviour Science,* 251, 105640.

16 Sykes, N., Beirne, P., Horowitz, A., Jones, I., Kalof, L., Karlsson, E., King, T., Litwak, H., et al. … Humanity's best friend: a dog-centric approach to addressing global challenges. *Animals,* 10 (2020), p. 502.

17 Howell, T.J., Mornement, K., Bennett, P.C. Pet dog management practices among a representative sample of owners in Victoria, Australia. *J. Vet. Behav.,* 12 (2016), pp. 4 – 12.

18 K. Lord, M. Feinstein, B. Smith, R. Coppinger, Variation inreproductive traits of members of the genus Canis with special attention to the domestic dog *(Canis familiaris). Behav. Processes* 92, 131 – 142 (2013). doi:10.1016/j.beproc.2012.10.009.

19 Armbruster K. Dogs, dirt, and public space. J. Sorenson, A. Matsuoka (Eds.), *Dog's Best Friend?: Rethinking Canid-Human Relations,* McGill-Queen's University Press (2019), pp. 113 – 134.

haben sehr begrenzte Möglichkeiten, außerhalb ihres Leinenradius zu erkunden, zu spielen und Kontakte zu knüpfen[20]. Aufgrund unseres westlichen Lebensstils sind unsere Hunde häufig täglich viele Stunden allein zu Hause, was ihre Möglichkeiten des sozialen Austauschs weiter einschränkt. Darüber hinaus hat die selektive Zucht, die weitgehend von menschlichen Schönheitsidealen und Vorstellungen von Rassenreinheit bestimmt wird, die Hundepopulationen in einem relativ kurzen Zeitraum immens verändert.

Menschen und Hunde leben seit Tausenden von Jahren in enger Nachbarschaft[21]. Die meiste Zeit über konnten sich die Hunde, ähnlich wie die heutigen Dorfhunde, frei bewegen. Dorfhunde sind mittelgroß und phänotypisch weltweit sehr ähnlich, obwohl es je nach Klima einige Unterschiede gibt; z. B. sind Dorfhunde in nördlichen Regionen tendenziell größer, haben kleinere Ohren und längeres Haar[22].

Der typische „Dorfhund" ist häufig sandfarben und mittelgroß, kann allerdings phänotypisch unterschiedlich sein aufgrund der Anpassung an den jeweiligen Lebensraum. Hunde, die auf der Straße geboren wurden, handeln selbständig, kümmern sich selbst um Probleme, entscheiden frei über ihre Sozialkontakte, organisieren sich Futter und unterteilen sich den Tag frei in Ruhephasen, Sozialphasen und Phasen der Reviererkundung und Futtersuche.

20 Armbruster K. Dogs, dirt, and public space. J. Sorenson, A. Matsuoka (Eds.), *Dog's Best Friend?: Rethinking Canid-Human Relations,* McGill-Queen's University Press (2019), pp. 113 – 134.

21 Thalmann, O., Perri, A.R. Paleogenomic inferences of dog domestication. C. Lindqvist, O.P. Rajora (Eds.), Paleogenomics: Genome-Scale Analysis of Ancient DNA, Population Genomics, Springer International Publishing, *Cham.* (2019), pp. 273 – 306.

22 Coppinger, R., Coppinger, L. Dogs: A Startling New Understanding of Canine Origin, Behavior & Evolution, *Simon and Schuster* (2001), pp. 69 – 84.

Dorfhunde werden in Würfen von durchschnittlich sechs Welpen aufgezogen[23]. Sie sind gut mit Artgenossen sozialisiert und streifen als Erwachsene in der Regel allein oder in kleinen Gruppen von zwei bis drei Hunden umher[24]. Sie durchwühlen Abfälle in der Umgebung von Haushalten und konkurrieren mit anderen Hunden oder Tieren um Nahrungsressourcen[25].

Zu den täglichen sozialen Interaktionen mit vertrauten und unbekannten Menschen können Mensch-Hund-Spiele, das Betteln um Futter und das Verfolgen von Menschen bei der täglichen Arbeit und bei Aktivitäten gehören[26]. Es gibt Hinweise darauf, dass die Sozialisierung von Dorfhunden von Kultur zu Kultur variiert[27]. Weniger sozialisierte Dorfhunde in Äthiopien fliehen, wenn sich ihnen ein Fremder nähert (Ortolani et al., 2009). Aber selbst gut sozialisierte Dorfhunde in Mexiko kommen nicht heran, wenn sie von einem unbekannten Menschen gerufen werden[28]. Diese Ergebnisse deuten darauf hin, dass Dorfhunde an die spezifische menschliche Kultur, zu der sie gehören, und an die einzelnen Menschen, mit denen sie interagieren, angepasst sind, während sie gleichzeitig ein Leben führen, das eben nicht vollständig vom Menschen abhängig oder bestimmt ist.

23 Pal, S.K. Play behaviour during early ontogeny in free-ranging dogs *(Canis familiaris). Appl. Anim. Behav. Sci.,* 126 (3 – 4) (2010), pp. 140 – 153.

24 Ortolani, A., Vernooij, H., Coppinger, R. Ethiopian village dogs: behavioural responses to a stranger's approach. *Appl. Anim. Behav. Sci.,* 119 (2009), pp. 210 – 218.

25 Sarkar, R., Sau, S., Bhadra, A. Scavengers can be choosers: a study on food preference in free-ranging dogs, *Appl. Anim. Behav. Sci.,* 216 (2019), pp. 38 – 44.

26 Corrieri, L., Adda, L., Miklósi, A., Kubinyi, E. Companion and free-ranging Bali dogs: environmental links with personality traits in an endemic dog population of South East Asia. *PLoS One,* 13 (2018), Article e0197354.

27 Ortolani, A., Vernooij, H., Coppinger, R. Ethiopian village dogs: behavioural responses to a stranger's approach. *Appl. Anim. Behav. Sci.,* 119 (2009), pp. 210 – 218.

28 Ruiz-Izaguirre, E., Eilers, K.C., Bokkers, H.A.M., Ortolani, A., Ortega-Pacheco, A., de Boer, I.J.M. Human–dog interactions and behavioural responses of village dogs in coastal villages in Michoacán, Mexico. *Appl. Anim. Behav. Sci.,* 154 (2014), pp. 57 – 65.

Soziale Anforderungen an Haushunde und damit verbundene Verhaltensprobleme

Wenn man das Leben von Haushunden mit dem von freilebenden Dorfhunden vergleicht, ist ein offensichtlicher Unterschied das Ausmaß, in dem die Halter das Leben der Hunde kontrollieren. Dies gilt insbesondere für ihr Sozialleben, da der Halter entscheidet, wie viel soziale Interaktion der Hund haben soll oder darf und wie und mit wem er sich austauschen kann.

Dorfhunde sind zwar bei ihrer Nahrungsbeschaffung auf den Menschen angewiesen und mögen unter Umständen auch die Gesellschaft des Menschen suchen und genießen, aber sie brauchen Menschen nicht, um ihre sozialen Bedürfnisse zu erfüllen.

Mit dem Einzug der Hunde in Haus und Leben als Familienmitglied wurde mehr Wert darauf gelegt, wie sie mit uns (statt mit anderen Hunden) interagieren[29]. Vom „idealen Hund" wird erwartet, dass er sozial und freundlich, sowohl ruhig als auch energiegeladen und leicht zu erziehen ist[30]. Der Selektionsdruck, der sich aus diesem Ideal ergibt, besteht darin, dass die Hunde zugänglicher, mehr auf die Kommunikation mit dem Menschen bedacht und weniger aggressiv gegenüber Menschen sind[31].

Viele Hunde leben allerdings nun unter Bedingungen, bei denen die Menschen einen Großteil des Tages abwesend sind. Es überrascht daher nicht, dass trennungsbedingte Probleme sehr häufig auftreten[32; 33]. Basierend auf Berichten von Haltern wird die Prävalenz von trennungsbedingten Problemen bei 5 % bis 30 % aller Hunde angegeben (Tiira et al., 2016,[34, 35]). Diese Schätzungen sind jedoch wahrscheinlich zu niedrig. Einige Halter sind sich des Problems nicht bewusst, weil das trennungsbedingte Verhalten erst auftritt, nachdem sie gegangen sind und ihr Hund unter Umständen keine „Beweise" (z. B. Zerstörung) hinterlässt[36]. Andere Halter können die subtileren

29 Power, E. Furry families: making a human–dog family through home. *Soc. Cult. Geogr.*, 9 (2008), pp. 535 – 555.

30 Diverio, S., Boccini, B., Menchetti, L., Bennett, P.C. The Italian perception of the ideal companion dog. *J. Vet. Behav.*, 12 (2016), pp. 27 – 35.

31 Udell, M.A.R., Dorey, N.R., Wynne, C.D.L. Wolves outperform dogs in following human social cues. *Anim. Behav.*, 76 (2008), pp. 1767 – 1773.

32 Ogata, N. Separation anxiety in dogs: what progress has been made in our understanding of the most common behavioral problems in dogs? *J. Vet. Behav.*, 16 (2016), pp. 28 – 35.

33 Tiira, K. Sulkama, S., Lohi, H. Prevalence, comorbidity, and behavioral variation in canine anxiety. *J. Vet. Behav.*, 16 (2016), pp. 36-44.

34 Dinwoodie, I.R., Dwyer, B., Zottola, V., Gleason, D., Dodman, N.H.. Demographics and comorbidity of behavior problems in dogs. *J. Vet. Behav.*, 32 (2019), pp. 62 – 71.

35 Salonen, S. Sulkama, S., Mikkola, J., Puurunen, E., Hakanen, K. Tiira, et al... Prevalence, comorbidity, and breed differences in canine anxiety in 13,700 Finnish pet dogs. *Sci. Rep.*, 10 (2020), p. 2962.

36 van Rooy, D., Arnott, E.R., Thomson, P.C., McGreevy, P.D., Wade, C.M. Using an owner-based questionnaire to phenotype dogs with separation-related distress: do owners know what their dogs do when they are absent *J. Vet. Behav.*, 23 (2018), pp. 58 – 65.

Anzeichen von Angst oder Stress bei ihrem Hund nicht erkennen[37]. Es gibt sogar Hinweise darauf, dass manche Besitzer wissen, dass ihr Hund trennungsbedingtes Verhalten zeigt, aber die Notwendigkeit oder Möglichkeit einer Behandlung nicht sehen[38].

Die am häufigsten berichteten klinischen Anzeichen für trennungsbedingte Probleme sind Lautäußerungen, Urinieren/Koten und zerstörerisches Verhalten[39]. Hunde können auch andere Anzeichen im Zusammenhang mit der Trennung von ihrem/ihren Besitzer(n) zeigen, wie z. B. Verhaltensindikatoren für Stress oder Angst (Hecheln, Zittern usw.), Depressionen (Lethargie, Lustlosigkeit) oder physiologische Anzeichen (Speichelfluss, Appetitlosigkeit, Erbrechen, Durchfall usw.)[40]. Diese Anzeichen können vom Besitzer leichter übersehen werden, sind aber dennoch Indikatoren für einen zugrunde liegenden negativen emotionalen Zustand. Obwohl einige trennungsbedingte Verhaltensweisen möglicherweise unterschiedliche emotionale/motivationale Hintergründe widerspiegeln könnten, sind Hunde, die während der Trennung Anzeichen von Stress oder Frustration zeigen, zweifellos in ihrem Wohlbefinden beeinträchtigt.

Hunde sind obligat soziale Tiere, die Gesellschaft für ihr Wohlbefinden brauchen. Es wurde festgestellt, dass Dorfhunde ein ruhigeres, weniger erregbares Gemüt haben, was sich durch den ständigen Kontakt mit Menschen, Tieren und anderen Hunden erklären lässt[41]. Daraus folgt, dass das stundenlange Alleinsein erlernt werden muss, und eine mangelnde Gewöhnung an das Alleinsein ein Risikofaktor für die psychische Gesundheit ist.

Allerdings ist auch ein Zuviel an Miteinander häufig ein Stressauslöser. Hunde, die täglich mit in das Büro oder die Schule müssen, keine oder unangemessene Rückzugsorte haben und so nicht zu Ruhe kommen können entwickeln häufig psychische (Burn-out) oder physische Erkrankungen (chronische Ohrenentzündung, Magen-Darm Problematiken etc.).

In den letzten Jahren wurde auch der Bindungsstil zwischen Halter und Hund in Bezug auf psychische Problematiken untersucht (z. B. [42]), da angenommen wird, dass

37 Mariti, C., Gazzano, A., Moore, J.L:, Baragli, P., Chelli, L., Sighieri, C. Perception of dogs' stress by their owners. *J. Vet. Behav.*, 7 (2012), pp. 213 – 219.

38 Bradshaw, J.W.S., McPherson, J.A., Casey, R.A., Larter, I.S. Aetiology of separation-related behaviour in domestic dogs. *Vet. Rec.*, 151 (2002), pp. 43 – 46.

39 Amat, M., Le Brech, S., Camps, T., Manteca, X. Separation-related problems in dogs. *Adv. Small Anim. Care,* 1 (2020), pp. 1 – 8.

40 de Assis, L.S., Matos, R., Pike, T.W., Burman, O.H.P., Mills, D.S. Developing diagnostic frameworks in veterinary behavioral edicine: disambiguating separation related problems in dogs. *Front. Vet. Sci.*, 6 (2020), p. 499.

41 Corrieri, L., Adda, M., Miklósi, A., Kubinyi, E. Companion and free-ranging Bali dogs: environmental links with personality traits in an endemic dog population of South East Asia. *PLoS One,* 13 (2018), Article e0197354.

42 Konok, V., Marx, A., Faragó, T. Attachment styles in dogs and their relationship with separation-related disorder – a questionnaire based clustering. *Appl. Anim. Behav. Sci.*, 213 (2019), pp. 81 – 90.

dieser eine essenzielle Rolle bei der Entwicklung von beispielsweise trennungsbedingten Problemen spielt[43]. Einige Autoren haben schon früher festgestellt, dass zu viel Bindung oder Hyperbindung ein Problem darstellen[44]. Neuere Studien heben die Art der Bindung von Halter und Hund als Vorhersagefaktor für psychopathologische Probleme hervor[45].

Ein weiterer Aspekt in Bezug auf Trennungsprobleme ist das Phänomen der „Welpenpandemie". Laut Packer und Kollegen. (2021)[46] waren Menschen, die während der COVID-19-Pandemie einen Welpen erwarben, mit größerer Wahrscheinlichkeit Ersthundehalter, wählten Hunde mit weniger Sachkunde aus und hatten zusätzlich kaum Unterstützung durch Hundetrainer.

Aufgrund der pandemiebedingten Lockdowns und Einschränkungen des Soziallebens können wir davon ausgehen, dass Welpen daran gewöhnt waren, viel Zeit mit ihren Bezugspersonen zu verbringen und wahrscheinlich nicht kleinschrittig lernten, alleine zu bleiben. Selbst für erwachsene Hunde sind diese Veränderungen eine Herausforderung. Mehrere Studien berichten, dass die lange Zeit zu Hause und die Wechsel der Routine mit einer Zunahme von Verhaltensproblemen einhergehen[47,48].

Bei unseren Haushunden wird die Interaktion mit Artgenossen in erster Linie durch den Menschen kontrolliert, der bestimmt, mit wem oder ob der Hund überhaupt interagieren darf. Haltern von Welpen wird häufig geraten, ihren Hund mit anderen Hunden zu sozialisieren[49]. Allerdings kann es zu intraspezifischer Aggression führen, wenn ein Welpe zu viel oder zu früh zur Interaktion mit anderen Hunden gedrängt wird[50], da der Welpe dort häufig negative Erfahrungen macht. Im Vergleich zu Interaktionen von Dorfhunden untereinander ist die mangelnde Wahlmöglichkeit unserer Haushunde, mit Artgenossen zu interagieren oder sich zu entziehen, ein Grund der Entwicklung von intraspezifischer Aggression.

43 Meneses, T., Robinson, J., Rose, J., Vernick, J., Overall, K.L. Review of epidemiological, pathological, genetic, and epigenetic factors that may contribute to the development of separation anxiety in dogs. *J. Am. Vet. Med. Assoc.,* 259 (10) (2021), pp. 1118–1129.

44 Flannigan, G., Dodman, N.H. Risk factors and behaviors associated with separation anxiety in dogs. *J. Am. Vet. Med. Assoc.,* 219 (2001), pp. 460–466.

45 Konok, V., Marx, A., Faragó, T. Attachment styles in dogs and their relationship with separation-related disorder – a questionnaire based clustering. *Appl. Anim. Behav. Sci.,* 213 (2019), pp. 81–90.

46 Packer, R.M.A., Brand, C.L., Belshaw, Z., Pegram, C.L., Stevens, K.B., O'Neill, D.G. Pandemic puppies: characterising motivations and behaviours of UK owners who purchased puppies during the 2020 COVID-19 pandemic. *Animals,* 11 (2021), p. 2500.

47 Holland, K.E., Owczarczak-Garstecka, S.C., Anderson, K.L., Casey, R.A., Christley, R.M. et al… "More attention than usual": a thematic analysis of dog ownership experiences in the UK during the first covid-19 lockdown. *Animals,* 11 (2021), p. 240.

48 Harvey, N.D., Christley, R.M., Giragosian, K., Mead, R., Murray, J.K., Samet, L., Upjohn, M.M., Casey; R.A. Impact of changes in time left alone on separation-related behaviour in UK pet dogs. *Animals,* 12 (2022), p. 482.

49 Howell, P. Between the muzzle and the leash: dog-walking, discipline, and the modern city. P. Atkins (Ed.), *Animal Cities: Beastly Urban Histories,* Routledge, New York (2016), pp. 235–256.

50 Wormald, D., Lawrence, A.J., Carter, G., Fisher, A.d. Analysis of correlations between early social exposure and reported aggression in the dog. *J. Vet. Behav.,* 15 (2016), pp. 31–36.

Im Vergleich zu den Möglichkeiten, die Dorfhunde haben, sich regelmäßig mit einem oder zwei anderen Hunden zu treffen, leiden Haushunde, denen diese Interaktion mit Artgenossen fehlt, unter einem geringeren Wohlbefinden.

Auch die Anforderungen, die wir an unsere Hunde in Bezug auf die soziale Interaktion mit menschlichen Familienmitgliedern stellen, sind ein Risiko sowohl für das Wohlergehen der Hunde als auch für die Sicherheit der Menschen. Der häufig zu hörende Satz „Die Kinder können mit dem Hund machen, was sie wollen" spiegelt die weit verbreitete Meinung wider, dass von Hunden erwartet wird, dass sie sich von ihren menschlichen Bezugspersonen so ziemlich alles gefallen lassen. Wenn dem Hund die soziale Interaktion nicht gefällt, soll er diese nichtsdestotrotz ertragen oder aushalten. Die meisten Hunde fühlen sich bei engen Interaktionen (z. B. Umarmen, Küssen) unwohl, und wenn sie sich nicht physisch entziehen können oder sie gelernt haben, dass dies nicht funktioniert, werden sie ihr Bedürfnis nach größerer Distanz mit Verhaltensanzeichen kommunizieren, die bis zu aggressivem Verhalten eskalieren können[51]. Die unrealistischen Erwartungen vieler Halter in Bezug auf die Toleranz ihrer Hunde gegenüber enger oder langer physischer Interaktion in Verbindung mit der mangelnden Fähigkeit, frühe Warnzeichen zu erkennen[52], können zu gefährlichen Situationen für Mensch und Hund führen. Alternativ können gerade diese Hunde auch in das Verhalten der erlernten Hilflosigkeit fallen und eine langfristige psychische Belastung ist vorprogrammiert.

Letztendlich gibt es nur wenige Hunde, die den „idealen" Hund verkörpern, der sowohl die soziale Isolation über viele Stunden am Tag toleriert als auch die hohen Erwartungen an seine soziale Interaktion mit der Familie und fremden Hunden und Menschen erfüllen kann. Unerfüllte Erwartungen des Halters können sich auf die Mensch-Hund-Beziehung nachteilig auswirken, was letztlich dazu führen kann, dass der Hund psychische Erkrankungen entwickelt.

51 Shepherd, K. Behavioural medicine as an integral part of veterinary practice. D.F. Horwitz, D.S. Mills (Eds.), *BSAVA Manual of Canine and Feline Behavioural Medicine,* British Small Animal Veterinary Association (2009), pp. 10–23.

52 Owczarczak-Garstecka, S.C., Watkins, F., Christley, R., Westgarth, C. Online videos indicate human and dog behaviour preceding dog bites and the context in which bites occur. *Sci. Rep.,* 8 (2018), p. 7147.

Andere menschliche Einflüsse

Emotionale Ansteckung

Hunde leben seit mehr als 30.000 Jahren mit dem Menschen zusammen und sind als Bindungspartner in die menschliche Gesellschaft eingeflochten. Hunde haben menschenähnliche Kommunikationsfähigkeiten und, wahrscheinlich als Ergebnis des Domestizierungsprozesses, die Fähigkeit, menschliche Emotionen zu lesen; daher ist es denkbar, dass es eine sogenannte „emotionale Ansteckung" zwischen Mensch und Hund gibt. Studien deuten darauf hin, dass eine emotionale Ansteckung vom Halter auf den Hund auftreten kann und dass die Zeit, in der Mensch und Hund zusammen in derselben Umgebung leben, der Schlüsselfaktor für die Wirksamkeit der emotionalen Ansteckung ist[53]. Genetische Verwandtschaft ist für die Evolution der emotionalen Ansteckung nicht nötig[54].

Synchronisation

Beim Menschen spielt das Blinzeln bzw. der Wimpernschlag eine wichtige Rolle in der Kommunikation. Blinzeln wird zwischen zwei Individuen während eines Gesprächs synchronisiert, mit gemeinsamen Pausen, was darauf hindeutet, dass die Blinzelsynchronisation die gemeinsame Nutzung eines Rhythmus während der Kommunikation zwischen zwei Individuen erleichtert. Bei Personen mit Autismus-Spektrum-Störung, deren Hauptsymptom eine gestörte Kommunikation ist, gibt es keine Blinzelsynchronisation mit anderen[55]. Daher tritt die Blinzelsynchronisation potenziell bei zwei Individuen auf, die effektiv kommunizieren können. Darüber hinaus korreliert die Synchronisation des Blinzelns mit dem Grad der Synchronisation der Aktivität im rechten inferioren frontalen Gyrus des Gehirns[56]. Der Gyrus frontalis inferior oder die untere Stirnwindung ist eine Struktur des Frontallappens der Großhirnrinde des menschlichen Gehirns. Sie ist unabdingbar für die menschliche Kommunikation. Das deutet darauf hin, dass es das gegenseitige Verständnis erleichtern kann, wenn wir uns aufgrund ähnlicher Hirnaktivität im gleichen physiologischen Zustand befinden wie der Partner, mit dem wir gerade kommunizieren.

53 Katayama, M., Kubo, T., Yamakawa, T., Fujiwara, K., Nomoto, K., Ikeda, K., ... & Kikusui, T. (2019). Emotional contagion from humans to dogs is facilitated by duration of ownership. *Frontiers in Psychology,* 1678.

54 Nakahashi, W., and Ohtsuki, H. (2018). Evolution of emotional contagion in group-living animals. *J. Theor. Biol.* 440, 12–20. doi: 10.1016/j.jtbi.2017.12.015.

55 Nakano T., Kato N., Kitazawa S., (2011). Lack of eyeblink entrainments in autism spectrum disorders. *Neuropsychologia* 49:2784–2790.

56 Koike T., Tanabe H.C., Okazaki S., Nakagawa E., Sasaki A.T. ... et al. , (2016). Neural substrates of shared attention as social memory: a hyperscanning functional magnetic resonance imaging study. *NeuroImage* 125:401–412.

Es gibt Hinweise darauf, dass auch Hunde und Katzen Blinzeln als Kommunikationssignal mit Menschen verwenden[57,58]. Eine Studie[59] zeigt, dass zwischen Menschen und Hunden eine gegenseitige Synchronisation des Blinzelns besteht. Die Blinzelsynchronisation in dieser Studie wurde durch die Anpassung des Timings der spontanen Blinzelbewegungen an das Timing des Partners belegt. Die meisten der in dieser Studie beobachteten Zeitverzögerungen wurden als Mimikry (Nachahmung) in der Synchronisation kategorisiert. Mimikry bedeutet, dass das gleiche Verhalten ausgeführt wird, aber nicht sofort. In Anbetracht der Tatsache, dass die Synchronisation des Blinzelns beim Menschen zu einem gemeinsamen Kommunikationsrhythmus führt, könnte die automatische Nachahmung des Blinzelns auch zu einem gemeinsamen Kommunikationsrhythmus zwischen Hund und Mensch führen. Besitzer folgten ihren Hunden mit einer kurzen Verzögerung, und ihre Hunde blinzelten ~1 s nach dem Blinzeln der Menschen. Je näher sich Menschen sozial stehen, desto kürzer ist die Zeitverzögerung bei dieser Synchronisation[60].

Auch akuter[61] sowie chronischer Stress[62] wird vom Hund synchronisiert. Dadurch, dass unsere Hunde unseren Alltag teilen, kommt es zu einer interspezifischen Synchronisierung von Langzeitstresshormonen. Während der akute Stress durch den Kortisolspiegel in Blut und Speichel[63] bestimmt werden kann, kann man im Haar bzw. Fell langfristige Kortisolkonzentrationen nachweisen[64]. Die Speichelkortisolkonzentrationen des Mensch-Hund-Teams wird zudem von den Persönlichkeitsmerkmalen des Halters und der Geschlechtskombination der beiden beeinflusst[65]. Interessanterweise scheinen die Eigenschaften des Halters einen größeren Einfluss auf den Hund und dessen Stress zu haben als umgekehrt[66].

Während des Haarwachstums wird das Kortisol aus dem Blut allmählich aufgenommen, sodass ein retrospektiver Kalender der Kortisolkonzentration entsteht. Die Kortisolkonzentration im Haar (HCC) ermöglicht es daher, eine langfristige Stresssynchronisation zwischen Halter und Hund zu untersuchen. Während bei allen getesteten Hundegruppen eine Synchronisation vorlag, wurde diese zusätzlich durch

57 Koyasu H., Nagasawa M. (2019). Recognition of directed-gaze from humans in cats. *Jpn. J. Anim. Psych.* 69:27–34.
58 Kuhne F., Hößler J.C., Struwe R. (2012). Effects of human-dog familiarity on dogs' behavioural responses to petting. *Appl. Anim. Behav. Sci.* 142:176–181.
59 Koyasu H., Goto R., Takagi, S., Nagasawa, M., Nakano, T., Kikusui, T. Mutual synchronization of eyeblinks between dogs/cats and humans, *Current Zoology,* Volume 68, Issue 2, April 2022, Pages 229–232, https://doi.org/10.1093/cz/zoab045.
60 Norscia, I., Palagi, E., 2011. Yawn contagion and empathy in Homo sapiens. *PLoS ONE* 6:e28472.
61 Sümegi, Z., Oláh, K., Topál, J. Emotional contagion in dogs as measured by change in cognitive task performance. *Appl. Anim. Behav. Sci.* 2014;160:106–115. doi: 10.1016/j.applanim.2014.09.001.
62 Sundman, A.S., Van Poucke, E., Svensson Holm, A.C., Faresjö, Å., Theodorsson, E., Jensen, P., Roth, L.S.V. Long-term stress levels are synchronized in dogs and their owners. *Sci. Rep.* 2019 Jun 6;9(1):7391.
63 Hellhammer, D.H., Wüst, S., Kudielka, B.M. Salivary cortisol as a biomarker in stress research. *Psychoneuroendocrinology.* 2009;34:163–171. doi: 10.1016/j.psyneuen.2008.10.026.
64 Heimbürge, S., Kanitz, E., Otten, W. The use of hair cortisol for the assessment of stress in animals. *Gen. Comp. Endocrinol.* 2019;270:10–17.
65 Schöberl, I., Wedl, M., Beetz, A., Kotrschal, K. Psychobiological Factors Affecting Cortisol Variability in Human-Dog Dyads. *PLoS ONE.* 2017;12:e0170707.
66 Meyer, I., Forkman, B. Dog and owner characteristics affecting the dog-owner relationship. *J. Vet. Behav.* 2014;9:143–150.

Geschlecht und Lebensstil beeinflusst. Das HCC von Rüden und Hündinnen war mit dem HCC des Halters synchronisiert, aber die Übereinstimmung war bei den Hündinnen höher.

Darüber hinaus beeinflusst die Persönlichkeit des Halters und nicht die des Hundes das HCC, und das legt nahe, dass Hunde den Stress ihrer Halter widerspiegeln. Die Persönlichkeit des Halters, genauer gesagt die Eigenschaften Neurotizismus, Offenheit und Gewissenhaftigkeit beeinflussen die langfristige Kortisolkonzentration des Hundes. Halter, die einen hohen Neurotizismuswert aufwiesen, hatten Hunde mit einem niedrigen HCC. Es gibt Hinweise darauf, dass Menschen mit hohen Neurotizismuswerten eine starke Bindung zu ihren Hunden aufbauen und sie ihrem Hund in größerem Maße als andere als Bindungspartner und sicheren Hafen nutzen und sie gleichzeitig als Bindungspartner und sicherer Hafen für ihren Hund fungieren[67]. Dies wiederum kann zu einer positiven Beeinflussung der Stressreaktion bei beiden führen.

Die Tatsache, dass eine Synchronisation zwischen den Kortisolkonzentrationen von Hund und Mensch zu beobachten ist und eher die Haltereigenschaften als die des Hundes mit dem Stresslevel des Hundes zusammenhängt, lässt vermuten, dass es die Hunde sind, die den Stresspegel ihrer Halter widerspiegeln, und nicht umgekehrt[68]. Dies kann für das Wohlergehen von Hunden von beträchtlicher Bedeutung sein, da Stress und damit zusammenhängende Gesundheitsprobleme von großer Wichtigkeit für psychische Erkrankungen sind.

Aus der Sicht des Menschen ist unser Hund eine wichtige soziale Stütze, die sich positiv auf unsere Lernfähigkeit und verschiedene gesundheitliche Aspekte auswirkt [69,70]. Aus der Sicht des Hundes hat die Mensch-Hund-Interaktion jedoch das Potenzial, sich auf seine Gesundheit negativ auszuwirken.

Das bedeutet: Unser eigener physischer und psychischer Zustand hat einen enormen Einfluss auf die Gesundheit – physisch aber auch psychisch – unseres Hundes!

67 Kotrschal K., Schöberl I., Bauer B., Thibeaut A.M., Wedl M. Dyadic relationships and operational performance of male and female owners and their male dogs. *Behav. Processes.* 2009; 81:383–391. doi: 10.1016/j.beproc.2009.04.001.

68 Sundman A.S., Van Poucke E., Svensson Holm A.C..., et al. Long-term stress levels are synchronized in dogs and their owners. *Scientific Reports.* 2019;9(1). doi:10.1038/s41598-019-43851-x.

69 Beetz A., Uvnas-Moberg K., Julius H., Kotrschal K. Psychosocial and psychophysiological effects of human-animal interactions: the possible role of oxytocin. *Front. Psychol.* 2012; 3:234.

70 Polheber J.P., Matchock R.L. The presence of a dog attenuates cortisol and heart rate in the Trier Social Stress Test compared to human friends. *J. behav. med.* 2014; 37:860–867.

Therapiebegleithunde und Assistenz- oder Servicehunde

Auch und gerade im Bereich der Therapiebegleithunde oder der Assistenz- oder Servicehunde spielen die Synchronisation und die Stressbelastung des Hundes eine außerordentliche Rolle. Detaillierte Informationen zum Thema Therapiebegleithunde finden Sie in meinem Buch „Hundgerecht – Tiergestützte Intervention des Mensch-Hund-Teams".
In Bezug auf Assistenz- und Servicehunde[71] verweisen wir in unserer Publikation auf Schwierigkeiten wie den Aufbau einer dauerhaften emotionalen und funktionalen Beziehung zum Hund sowie dessen Integration in die Familie (einschließlich der Sozialisierung mit bereits vorhandenen Hunden). Bei erfolgloser Eingliederung kann es sein, dass der Hund weitervermittelt oder einem anderen Klienten zugewiesen wird. Die Tatsache, dass Menschen mit einer psychischen Erkrankung ihren Service- oder Assistenzhund regelmäßig zur Psychotherapie mitnehmen, insbesondere bei Gruppensitzungen, erfordert aus Tierschutzsicht besondere Aufmerksamkeit, da es zu einer interindividuellen emotionalen Ansteckung des Verhaltens und der Stressübertragung kommen kann, die sich negativ auf den Hund auswirkt. Auch Familien mit ADHS- oder autistischen Kindern, die einen Assistenzhund suchen, haben möglicherweise unrealistische Erwartungen an die Beziehung zwischen Kind und Hund und sind nur unzureichend über die Auswirkungen auf den Hund und die grundlegenden Tierschutzrichtlinien zum Schutz des Hundes informiert. Studien zeigen, dass das Zusammenleben mit Kindern sich negativ auf das Wohlbefinden und die Lebensqualität des Hundes auswirken kann. Eine Reihe von Studien liefert Daten über die Auswirkungen von Kind-Hund-Interaktionen auf die Lebensqualität von Hunden. So wurde berichtet, dass Wutanfälle von Kindern für Assistenzhunde besonders belastend waren und es wurde darauf hingewiesen, dass der Hund durch potenziell aggressives Verhalten des Kindes gefährdet war, entweder, weil der Hund das nächste Ziel für das Kind war oder weil die Eltern den Hund ermutigt hatten, das Aggressionsverhalten zu unterbrechen, um das Kind zu beruhigen. Nicht alle negative Aufmerksamkeit, die dem Hund entgegengebracht wurde, war die Folge von Zusammenbrüchen oder Wutausbrüchen, denn es wurde berichtet, dass das Kind den Hund bei verschiedenen täglichen Interaktionen aggressiv und grob anfasste, schubste und festhielt. Fehlende vorhersehbare Routinen, mangelnde Ruhezeiten, eine instabile Umgebung, unvorhersehbare Bewegungen, z. B. mit Spielzeug auf Rädern oder dem Kind, das herumhüpft, sowie laute Geräusche und Aktivitäten von Kinderbesuchern wurden als Hauptstressquellen für die Hunde angesehen.

71 Foltin S., Glenk LM. Current Perspectives on the Challenges of Implementing Assistance Dogs in Human Mental Health Care. *Vet Sci.* 2023 Jan 15;10(1):62. doi: 10.3390/vetsci10010062. PMID: 36669063; PMCID: PMC9867308.

Interessanterweise glaubten die Eltern, dass der Hund es genoss, vom Kind „herausgeputzt" und kostümiert zu werden. Zu den Verhaltensweisen, die der Hund während der Interaktion zwischen Kind und Hund zeigte, gehörten Pfotenkauen, Lippenlecken, Schütteln, Gähnen und Hecheln, Urinieren und Koten. Sie zeigten auch sicherheitssuchendes Verhalten wie Weglaufen, Versuche, den Raum verlassen, Verstecken, Aufsuchen eines sicheren Ortes oder Aufsuchen des Elternteils/der Bezugsperson.
Hunde, die ständig mit Kindern zusammenleben, zeigen ein Spektrum an körperlichen Gesundheitsstörungen, die mit chronischem Stress aufgrund eines geschwächten Immunsystems in Verbindung gebracht werden, wie z. B. Ohr-, Augen- und Hautinfektionen. Soziale Auswirkungen, die der Hund zeigte, waren Stress, wenn er mit dem Kind allein gelassen wurde, was sich durch Winseln, Kratzen und Suchverhalten zeigte, insbesondere, wenn der Hund im selben Raum wie das Kind schlafen musste oder wenn das Kind für den Hund stressige Situationen schuf. Ein weiterer bedenklicher Punkt ist, dass Kinder und Erwachsene Schwierigkeiten hatten, Anzeichen von Stress bei ihrem Hund zu erkennen. Eine Studie fand heraus, dass die Hauptbezugspersonen tendenziell weniger Anzeichen für angstbedingtes Verhalten des Hundes meldeten, was entweder auf eine Desensibilisierung bei wiederholter Exposition oder auf eine reduzierte Beobachtung des Verhaltens hinweist, weil sie relevante Verhaltensweisen nicht erkannten und/oder nicht bereit waren, sie zu melden. Wenn der Hund den ganzen Tag mit dem Kind zusammen war, wurde dies in Bezug auf die physische und psychische Gesundheit als kritisch angesehen.

Die häufigsten Verhaltensprobleme

Eine Studie[72] untersuchte problematische Verhaltensweisen wie Furcht und Angst, Aggression, übermäßiges Bellen, zwanghaftes Verhalten, Überaktivität/Hyperaktivität, destruktives Verhalten, und Besteigen/Beißen bei 4114 Hunden. Rüden und Hündinnen waren gleichmäßig vertreten, die meisten von ihnen kastriert. Die Prävalenz von Verhaltensproblemen der Hunde lag bei 85 %.

Verhaltensprobleme sind bei unseren Hunden demnach weit verbreitet. Zu den am häufigsten berichteten Verhaltensproblemen gehören übermäßiges Bellen, Stubenunreinheit, Zerstörung von Gegenständen, Aggression und Ängstlichkeit[73,74,75]. Die Häufigkeit von Geräuschangst bei Hunden lag in früheren Studien zwischen 20 % und 50 %[76]. Etwa 20–25 % der Hunde zeigen Angst vor Fremden, anderen Hunden oder unbekannten Situationen[77]. Trennungsangst trat bei 14–20 % aller Hunde auf[78]. Darüber hinaus wurde ein Zusammenhang zwischen Geräuschangst und Trennungsangst beobachtet[79,80] – häufig entwickelten die Hunde beide Ängste. Überdies gehen die verschiedenen Angstzustände (Trennungsangst und allgemeine Angststörungen) häufig Hand in Hand mit einer Reihe von Zwangsstörungen[81].

Verhalten hat zudem genetische Komponenten[82,83,84] und in den letzten Jahren sind bei einer Reihe von Rassen Verhaltensauffälligkeiten ganz vermehrt festgestellt worden (z. B. Angstverhalten bei Collies und Schäferhunden) und viele Merkmale sind sowohl phänotypisch als auch genetisch korreliert[85]. Das heißt, Verwandte

72 Dinwoodie I.R., Dwyer B., Zottola V., Gleason D., Dodman N.H. Demographics and comorbidity of behavior problems in dogs. *Journal of Veterinary Behavior,* Vol 32, July – August 2019, Pages 62 – 71.

73 Col, R., Day, C. , Phillips, C.J.C. An epidemiological analysis of dog behavior problems presented to an Australian behavior clinic, with associated risk factors. *J. Vet. Behav.* 15, 1 – 11 (2016).

74 Bamberger, M., Houpt, K.A. Signalment factors, comorbidity, and trends in behavior diagnoses in dogs: 1,644 cases (1991 – 2001). *J. Am. Vet. Med. Assoc.* 229, 1591 – 1601 (2006).

75 Blackwell, E.J., Bradshaw, J.S., Casey, R.A. Fear responses to noises in domestic dogs: Prevalence, risk factors and co occurrence with other fear related behaviour. *Appl. Anim. Behav. Sci.* 145, 15 – 25 (2013).

76 Martínez, Á.G., Santamarina Pernas, G., Diéguez Casalta, F.J., Suárez Rey, M.L., De la Cruz Palomino, L.F. Risk factors associated with behavioral problems in dogs. *J. Vet. Behav. Clin. Appl. Res.* 6, 225 – 231 (2011).

77 Tiira, K., Sulkama, S., Lohi, H. Prevalence, comorbidity, and behavioral variation in canine anxiety. *J. Vet. Behav. Clin. Appl. Res.* 16, 36 – 44 (2016).

78 Sherman, B.L., Mills, D.S. Canine Anxieties and Phobias: An Update on Separation Anxiety and Noise Aversions. *Vet. Clin. North Am. – Small Anim. Pract.* 38, 1081 – 1106 (2008).

79 Martínez, Á.G., Santamarina Pernas, G., Diéguez Casalta, F.J., Suárez Rey, M.L., De la Cruz Palomino, L.F. Risk factors associated with behavioral problems in dogs. *J. Vet. Behav. Clin. Appl. Res.* 6, 225 – 231 (2011).

80 Overall, K.L., Dunham, A.E., Frank, D. Frequency of nonspecifc clinical signs in dogs with separation anxiety, thunderstorm phobia, and noise phobia, alone or in combination. *J. Am. Vet. Med. Assoc.* 219, 467 – 473 (2001).

81 Overall, K.L., Dunham, A.E. Clinical features and outcome in dogs and cats with obsessive-compulsive disorder: 126 cases (1989 – 2000). *J. Am. Vet. Med. Assoc.* 221, 1445 – 1452 (2002).

82 Arvelius, P., Eken Asp, H., Fikse, W. F., Strandberg, E., Nilsson, K. Genetic analysis of a temperament test as a tool to select against everyday life fearfulness in Rough Collie. *J. Anim. Sci.* 92, 4843 – 4855 (2014).

83 Ruefenacht, S., Gebhardt-Henrich, S., Miyake, T., Gaillard, C. A behaviour test on German Shepherd dogs: Heritability of seven different traits. *Appl. Anim. Behav. Sci.* 79, 113 – 132 (2002).

84 MacLean, E.L., Snyder-Mackler, N., vonHoldt, B.M., Serpell, J.A. Highly heritable and functionally relevant breed differences in dog behaviour. *Proc. R. Soc. B. Biol. Sci.* 286, 20190716 (2019).

85 Ruefenacht, S., Gebhardt-Henrich, S., Miyake, T., Gaillard, C. A behaviour test on German Shepherd dogs: Heritability of seven diferent traits. *Appl. Anim. Behav. Sci.* 79, 113 – 132 (2002).

von Hunden, die zwanghaftes Verhalten zeigen, sind häufig ebenfalls betroffen[86]. Genetische Bereiche wurden bisher mit Zwangsverhalten[87], Angst und Lärmempfindlichkeit[88] sowie Depressionen in Verbindung gebracht[89]. Darüber hinaus kann problematisches Verhalten durch viele Umweltfaktoren beeinflusst werden, wie z. B. durch die Qualität der mütterlichen Fürsorge, die Sachkunde des Besitzers, Bindungsparameter zwischen Mensch und Hund oder Training und Bewegung. Verhaltensweisen – auch pathologische – sind komplexe Merkmale, die von mehreren Genen, zahlreichen Umweltfaktoren mit unterschiedlichen Auswirkungen und komplizierte Wechselwirkungen zwischen diesen Faktoren entstehen.

86 Overall, K.L., Dunham, A.E. Clinical features and outcome in dogs and cats with obsessive-compulsive disorder: 126 cases (1989-2000). *J. Am. Vet. Med. Assoc.* 221, 1445 – 1452 (2002).

87 Dodman, N.H. et al. A canine chromosome 7 locus confers compulsive disorder susceptibility. *Mol. Psychiatry* 15, 8 – 10 (2010).

88 Sarviaho, R. et al. Two novel genomic regions associated with fearfulness in dogs overlap human neuropsychiatric loci. *Transl. Psychiatry* 9, 18 (2019).

89 MacLean E.L., Snyder-Mackler N., vonHoldt B.M., Serpell J.A. 2019 Highly heritable and functionally relevant breed differences in dog behaviour. *Proc. R. Soc. B.* 286: 20190716.

Schaubild Faktoren für Erkrankungen:

3.

Welche psychischen Krankheiten sind bisher beim Hund beschrieben worden?

Es hat sich gezeigt, dass Hunde ähnlich häufig an Depressionen leiden wie Menschen[90]. Zu den zusätzlichen Störungen, die bereits bei Hunden untersucht wurden, gehören Essstörungen, Verhaltensstörungen wie die generalisierte Angststörung, Trennungsangst, Zwangsstörungen (OCD), posttraumatische Belastungsstörung (PTSD)[91], ADHS und Autismus.

Im Folgenden wird jede dieser Störungen gemäß dem DSM-5[92] definiert und dann in Anwendung auf unsere Hunde durch Studien untermauert und erklärt.

Essstörungen

Hunde-(Fr)Essstörungen sind häufiger, als Sie denken. Viele ernährungsbedingte Krankheiten bei Hunden sind das Ergebnis von psychischen Störungen, Angstzuständen, Depressionen oder Langeweile. Manchmal sind hormonelle Erkrankungen wie Schilddrüsenunterfunktion der Grund dafür, dass Hunde abnormal essen. Essstörungen können mit normalem Gewicht, Untergewicht oder mit Übergewicht und Fettleibigkeit (Adipositas) einhergehen. Sie treten in verschiedenen Erscheinungsformen auf, die häufig fließend ineinander übergehen.

Diagnostische Kriterien entsprechend der American Psychiatric Association (DSM-5)
Durch die Zusammenführung der Fütter- und Essstörungen zu einer übergeordneten Kategorie werden Störungsbilder nach ihrer Psychopathologie gruppiert im Sinne eines Kontinuums psychopathologischer Auffälligkeiten zwischen Kindheit, Adoleszenz und Erwachsenenalter. Des Weiteren finden kulturelle Unterschiede in der klinischen Manifestation von Fütter- und Essstörungen Berücksichtigung. Neu in die Klassifikation aufgenommene Diagnosen sind die Störung mit Vermeidung oder Einschränkung der Nahrungsaufnahme (ARFID) und die Binge-Eating-Störung.
Die Zahl der Diagnosen für Essstörungen im DSM-5 ist von drei auf acht gestiegen. Dazu gehören sechs spezifische Diagnosen: (1) Pica, (2) Rumination Disorder (RD), (3) Avoidant/Restrictive Food Intake Disorder (ARFID), (4) Anorexia Nervosa (AN), (5) Bulimia Nervosa (BN) und (6) Binge Eating Disorder (BED). Dazu kommen noch (7) Sonstige spezifizierte Fütterungs- oder Essstörung und (8) Nicht spezifizierte Fütterungs- oder Essstörung.

90 http://www.psychologyschoolguide.net/psychiatry-careers/becoming-an-animal-psychiatrist/

91 Abrar Ul Haq. Canine psychiatry: Addressing animal psycho-pathologies. *Journal of Entomology and Zoology Studies* 2017; 5(6): 1126–1128.

92 Definition siehe Seite 16

Übermäßige Gewichtszunahme oder ein kontinuierlicher Gewichtsverlust können Indikatoren dafür sein, dass der Hund an einer Essstörung leidet. Auch starker Haarausfall kann ein signifikanter Hinweis für eine Essstörung sein.

Es gibt verschiedene Arten von Essstörungen bei Hunden:

1) Anorexie: Appetitlosigkeit, die ein Symptom für ein medizinisches Problem sein kann, das von einer Infektion bis zu einem Tumor reichen kann. Auch Hunde mit einem emotionalen Problem (z. B. Trennungsangst oder Nervosität) fressen häufig weniger.

2) Pica, d. h. der Hund frisst verschiedene Dinge, die nicht zum Futter gehören. Angstzustände, Depressionen, Frustration usw. sind auch hier mit die wichtigsten Gründe, die zu der Essstörung führen.

Auch die Kophrophagie (Kotfressen) wird manchmal zu den Essstörungen gerechnet. Sie kann durch Neugierde oder Stress verursacht werden. Es wird auch argumentiert, dass Welpen Kophrophagie von ihrer Mutter erlernt haben.

Essstörungen treten häufig mit weiteren psychischen Erkrankungen auf. Meist handelt es sich dabei um Depressionen, Angststörungen (insbesondere Zwangsstörungen) und autoaggressives Verhalten.

Anorexie

Anorexie ist eine Abnahme oder ein Verlust des Appetits auf Nahrung. Es gibt zwei Arten von Anorexie: echte Anorexie und „Pseudo-Anorexie". Beide führen zu einer verminderten Nahrungsaufnahme, aber ein Hund mit Pseudo-Anorexie möchte fressen (ist hungrig), ist aber aufgrund von Schwierigkeiten beim Aufnehmen, Kauen oder Schlucken von Nahrung oder aus anderen Gründen (siehe unten) dazu nicht in der Lage. Unabhängig davon, ob ein Hund an echter oder Pseudo-Anorexie leidet, sind verminderter Appetit und verminderte Nahrungsaufnahme äußere Anzeichen, die ernst genommen werden sollten.

Diagnosekriterien der Anorexia Nervosa (Magersucht) (307.1)

Eine in Relation zum Bedarf eingeschränkte Energieaufnahme, welche unter Berücksichtigung von Alter, Geschlecht, Entwicklungsverlauf und körperlicher Gesundheit zu einem signifikant niedrigen Körpergewicht führt. Signifikant niedriges Gewicht ist definiert als Gewicht, das unterhalb des Minimums des normalen Gewichts, oder (...) unterhalb des minimal zu erwartenden Gewichts liegt.

Diese Anzeichen können auf potenziell lebensbedrohliche Grunderkrankungen hinweisen. Echte Anorexie kann verschiedene Ursachen haben:

Zeigt der Hund eine krankhafte, sehr starke Abmagerung, spricht man von einer Kachexie, einem pathologischen Gewichtsverlust. Bei einer Kachexie kommt es nicht nur zum vollständigen Abbau der Speicherfettdepots, sondern zu einem schrittweisen Funktionsausfall der Organe. Kachexie ist ein Faktor, der zu einem vorzeitigen Tod beitragen kann.

Es gibt viele Situationen, die einem Hund Stress verursachen können, der wiederum einen Appetitverlust bedingt. Stressoren sind beispielweise ein Umzug, der Verlust eines Familienmitglieds oder ständig mit Dingen konfrontiert zu werden, die dem Hund Angst machen. Längerer Appetitmangel ist folgenschwer: Es dauert ungefähr zehn Tage, bis der Organismus zu versagen beginnt. Hunde verweigern häufig auch ihre Nahrung mehrere Tage vor dem Tod, da Futter nur Energie liefert, die nicht mehr benötigt wird und den Sterbeprozess eher verlängern würde.

Zeigt Ihr Hund Appetitlosigkeit, stellen Sie ihn bitte unbedingt einem Tierarzt vor!

Ursachen von Anorexie
Depression
Trauer, Verlust
Stress, veränderte Routinen, Veränderungen in der Umgebung
Unerwünschte oder unverträgliche Lebensmittel
Systemische Erkrankungen, sei es eine Infektion oder eine Funktionsstörung eines Organsystems (z. B. Diabetes oder Nierenerkrankungen)
Erkrankung des Immunsystems; Krebserkrankungen; Gastrointestinale Erkrankungen; Magen- oder Darmgeschwüre
Schmerz
Unfähigkeit zu riechen. Der Geruch ist ein wichtiger Faktor für die Schmackhaftigkeit der Nahrung und den Appetit
Übelkeit
Hohe Umgebungstemperatur
Hormonelle Veränderungen
Nebenwirkungen von Medikamenten

Fettleibigkeit – Adipositas

In Abgrenzung dazu gilt eine einfache Adipositas nicht als Essstörung, auch wenn gestörtes Essverhalten der Entwicklung des Übergewichts Vorschub leistet.

Adipositas kann Folgen für das soziale Leben, die Bewegungsfreiheit und die Lebensqualität habenund steht mit einer Vielzahl Beschwerden und Erkrankungen in Zusammenhang (z. B. Diabetes mellitus Typ II, Herz-Kreislauf-Krankheiten, spezifische Krebsarten).

In einer Umfrage in den USA wurde festgestellt, dass 34 % aller untersuchten Hunde übergewichtig oder fettleibig waren[93]. Drei Hauptfaktoren tragen zur übermäßigen Fettansammlung bei Hunden bei: genetische Veranlagung, Fortpflanzungsmanagement und suboptimale Ernährungs- und/oder Bewegungsbedingungen[94]. Raffan und Kollegen[95] zeigten in einer Fragebogenstudie, dass Hundebesitzer deutliche Unterschiede zwischen den einzelnen Hunderassen in Bezug auf die Futteraufnahmebereitschaft feststellen. Laut dieser Umfrage zeigten Labrador Retriever die höchste Nahrungsaufnahmebereitschaft, während Hirten- und Arbeitshunde die geringste Motivation zum Fressen zeigten. Dieses Ergebnis steht im Einklang mit Studien, die Rassenunterschiede bei Fettleibigkeit untersucht haben[96, 97]. Die Feststellung, dass Retriever bei der Nahrungsaufnahmebereitschaft höher bewertet wurden als alle anderen Rassen, steht im Einklang mit früheren Ergebnissen, die diese Rassegruppe als Risikogruppe für Fettleibigkeit identifizieren[98], und auch mit Berichten, die einen Zusammenhang zwischen Belohnungsempfindlichkeit, Esssucht und relativem Körpergewicht nahelegen. Labrador Retriever waren auch die erste Hunderasse, bei der eine Genmutation gefunden wurde[99] die sich nicht nur auf die Ansammlung von Fettgewebe, sondern auch auf die Futteraufnahme fettleibiger Hunde auswirkt. Ob diese (oder ähnliche) Genmutation(en) bei einer Vielzahl von Hunderassen zu finden ist, ist derzeit nicht bekannt[100], aber sie stellt einen potenziellen Mechanismus für etwaige Rassenunterschiede bei Fettleibigkeit dar.

93 Lund E.M., Armstrong P.J., Kirk C.A., Klausner J.S. 2006 Prevalence and risk factors for obesity in adult dogs from private US veterinary practices. *Int. J. Appl. Res. Vet. Med.* 4, 177.

94 Bland I.M., Guthrie-Jones A., Taylor R.D., Hill J. 2009 Dog obesity: owner attitudes and behaviour. *Prev. Vet. Med.* 92, 333–340. doi:10.1016/j.prevetmed. 2009.08.016.

95 Raffan E., Smith S.P., O'Rahilly S., Wardle J. 2015 Development, factor structure and application of the Dog Obesity Risk and Appetite (DORA) questionnaire. *PeerJ* 3, e1278. (doi:10.7717/peerj. 1278.

96 German A.J., Blackwell E., Evans M., Westgarth C. 2017 Overweight dogs exercise less frequently and for shorter periods: results of a large online survey of dog owners from the UK. *J. Nutr. Sci.* 6, e11. doi:10.1017/jns.2017.6.

97 Such Z.R., German A.J. 2015 Best in show but not best shape: a photographic assessment of show dog body condition. *Vet. Rec.* 177, 125. doi:10.1136/ vr.103093.

98 Lund, E.M., Armstrong, P.J., Kirk, C., Klausner, J.S. Prevalence and Risk Factors for Obesity in Adult Dogs from Private US Veterinary Practices. *J. Appl. Res. Vet. Med.* 4, 177–186 (2006).

99 Raffan E., et al. (2016). A deletion in the canine POMC gene is associated with weight and appetite in obesity-prone Labrador retriever dogs. *Cell Metab.* 23, 893–900. doi:10.1016/j.cmet.2016.04.012.

100 Reiter T., Jagoda E., Capellini T.D. 2016 Dietary variation and evolution of gene copy number among dog breeds. *PLoS ONE* 11, e0148899. (oi:10.1371/journal.pone.0148899.

Das Verhalten übergewichtiger Hunde deutet darauf hin, dass diese im sogenannten Two-Way-Object-Choice-Test stärker auf die Möglichkeit des Verzehrs von belohnenderem Futter reagieren und im Test zur kognitiven Verzerrung eine „pessimistischere“ Strategie an den Tag legen[101]. Die Ergebnisse bestätigen auch, dass übergewichtige Hunde im Gegensatz zu normalgewichtigen Hunden versuchten, die Futteraufnahme aus höherwertigem Futter zu maximieren und zögerten, eine Aufgabe zu lösen, wenn die Futterbelohnung unsicher war. Der Zusammenhang zwischen Übergewicht und negativer kognitiver Voreingenommenheit (Pessimismus) wird häufig mit einem ähnlichen Zusammenhang zwischen Depression und Fettleibigkeit beim Menschen erklärt[102].

Das Pica-Syndrom

Bei diesem Syndrom nehmen die Hunde Dinge und Gegenstände auf, die keine Nahrung sind. Pica[103] ist bereits für Menschen beschrieben. „Pica bedeutet, dass eine Person beharrlich und zwanghaft nahrungsfremde Substanzen zu sich nimmt, die nicht nahrhaft sind[104].“ Nach dem DSM-5 gibt es keine Altersbeschränkungen für das Auftreten von Pica. Zu den von Menschen verzehrten Gegenständen gehören Erde, Papier, Kreide, Fäkalien, Glas, Papier und andere nicht essbare Gegenstände. Bei Dobermannpinschern mit Pica wurde berichtet, dass sie ständig und zwanghaft eine Vielzahl von Substanzen, einschließlich Decken, Socken, Spielzeugfüllungen, Papierprodukte (Papier, Papierhandtücher, Trocknertücher, Wattestäbchen und Zigarettenstummel), Plastik und Vinyl (Spielzeug, Handy, Pager, Kugelschreiber, elektrische Zahnbürste, Rasierapparat, Brillen und Fernbedienungen) und Metallgegenstände (Muttern, Bolzen und Schlüssel) aufnahmen. Die Alterspanne reichte von 6 Wochen bis 11 Jahre, das Durchschnittsalter bei Krankheitsbeginn lag bei 5 Monaten[105].

101 Pogány Á., Torda O., Marinelli L., Lenkei R., Junó V., Pongrácz P. 2018 The behaviour of overweight dogs shows similarity with personality traits of overweight humans. *R. Soc. open sci.* 5: 172398. http://dx.doi.org/10.1098/rsos.172398.

102 Goodman E., Whitaker R.C. 2002 A prospective study of the role of depression in the development and persistence of adolescent obesity. *Pediatrics* 110, 497 – 504. doi:10.1542/peds.110.3.497

103 Als Pica oder Pica-Syndrom – nach lat.: pica (Elster) – wird eine seltene Essstörung bezeichnet, bei der Menschen Dinge zu sich nehmen, die allgemein als ungenießbar oder auch ekelerregend angesehen werden.
Quelle https://de.wikipedia.org/wiki/Pica-Syndrom#Diagnosekriterien Zugriff 07.12.22

104 DSM-5 307.52 (F98.3) (F50.8).

105 Moon-Fanelli, A.A., Dodman, N.H., Cottam, N. (2007). Blanket and flank sucking in Doberman Pinschers. *Journal of the American Veterinary Medical Association,* 231(6), 907 – 912.

Pica-Syndrom DSM-5
Die Kriterien für Pica laut DSM-5 lauten wie folgt[106]: Anhaltender Verzehr von nicht nahrhaften, nahrungslosen Substanzen über einen Zeitraum von mindestens einem Monat. Der Verzehr von nicht nahrhaften Substanzen, die keine Nahrungsmittel sind, ist dem Entwicklungsstand der Person nicht angemessen. Das Essverhalten ist nicht Teil einer kulturell unterstützten oder sozial normativen Praxis. Wenn es zusammen mit einer anderen psychischen Störung oder während eines medizinischen Zustands auftritt, ist es schwerwiegend genug, um eine unabhängige klinische Behandlung zu rechtfertigen. Pica tritt typischerweise in der Kindheit auf, obwohl es keine Altersangabe für die Entwicklung der Störung gibt.

Pica wird mit Zwangsstörungen und Impulsstörungen in Verbindung gebracht, da diese Individuen (Mensch und Hund) ständig auf Nicht-Lebensmittel zurückgreifen. Manche Hunde fressen nur eine Art von Gegenständen (z. B. Socken oder Steine), während andere eine Vielzahl von Dingen aufnehmen. Hunde mit Pica können alles fressen, von Golfbällen bis zu Tapete oder Holzböden. Allerdings sind Gegenstände, die den Geruch ihres Halters tragen, besonders beliebt – also Socken, Unterwäsche und Strumpfhosen wie auch Handtücher und Waschlappen. Aber auch das eigene Hundebett wird häufig gefressen[107]. Zu den anderen Gegenständen, die oft aufgenommen werden, gehören Steine, Kinderspielzeug, Batterien, Bücher, Zeitschriften und Tempo- bzw. Feuchttücher.

Um als pathologisch beschrieben zu werden, muss die Aufnahme (das Fressen) der Gegenstände langfristig vorliegen. Wir sprechen nicht vom Pica-Syndrom, wenn Welpen ihr Hundebett oder Frauchens Schuhe zerstören und anfressen oder ein Hund mit Trennungsangst Wohnungsgegenstände anknabbert!

106 American Psychiatric Association. (2013). *Diagnostic and statistical manual of mental disorders* (5th ed.). Arlington, VA: American Psychiatric Publishing.
107 https://www.petmd.com/dog/general-health/what-causes-pica-dogs.

Menschen, die zu Pica neigen, können einige der gleichen Symptome aufweisen wie Magersüchtige mit Unterernährung. Zu den Symptomen gehören Mineralstoffmangel, ungesunde Nägel und Haare sowie Gewichtsverlust. Sie haben ein höheres Risiko für ernste Gesundheitsprobleme wie Bauchschmerzen, Darm- und Dickdarmverschlüsse. Pica tritt häufig in Kombination mit anderen psychischen Störungen auf und kann bei Autismus-Spektrum-Störungen, Schizophrenie oder Anorexia Nervosa auftreten. Einige Forscher haben Pica mit Nährstoffmängeln in Verbindung gebracht[108]. Die Prävalenz von Pica scheint bei Menschen mit geistiger Beeinträchtigung höher[109]. Vernachlässigung und mangelnde Aufsicht sind laut DSM-5 ebenfalls Risikofaktoren. Ein misshandeltes Kind, das nicht ausreichend ernährt wird, kann versuchen, Substanzen zu essen, die keine Nahrungsmittel sind. Pica kann auch mit einer psychischen Störung oder einer Hirnschädigung verbunden sein[110]. Bildgebende Untersuchungen des Gehirns haben Anomalien des Gehirns vor der Entwicklung von Pica-Symptomen aufgezeigt. In einer Studie ging eine Schädigung des Hippocampusbereichs dem Auftreten von Pica voraus[111]. Wie bereits erwähnt, gibt es einen starken Zusammenhang zwischen Pica und Zwangsstörungen.
Pica veranschaulicht das Verhaltensmuster der Angststörung, bei dem es sich um Angstabbau handelt. Ein typisches Beispiel ist die Fallstudie eines erwachsenen Mannes mit niedrigem bis normalem IQ, der ein Glas isst, wenn er ein hohes Maß an Angst verspürt. Nach dem Verzehr des Glases berichtet er, dass er sich erleichtert fühlt[112].

Pica ist nicht zu verwechseln mit Koprophagie, also der Aufnahme von Kot. Während es nicht schwer ist, Pica an sich zu erkennen, kann es schwierig sein, die Ursache dafür herauszufinden. Es wird spekuliert, dass alles, von Hunger oder unausgewogener Ernährung bis hin zu hormonellen Störungen und Krankheiten wie Diabetes und Schilddrüsenproblemen zu diesem Zustand beitragen. Einige Rassen, wie der Labrador Retriever, der Dobermann und der Mops scheinen besonders anfällig für Pica. Darüber hinaus kann Pica auch durch emotionale Probleme wie Trennungsangst und Stress ausgelöst werden.

Eine Studie an Katzen mit Pica stellte fest[113], dass der Ausbruch am häufigsten zwischen dem 2. bis 4. Lebensmonat auftrat, und oft in den ersten zwei Monaten nach

108 Kumsar N.A., Erol A. The behavior of eating glass, with radiological findings: a case of pica. *J. Neuropsychiatry Clin. Neurosci.* 2013 Spring;25(2):E46-8. doi: 10.1176/appi.neuropsych.12040090. PMID: 23686062.
109 Carlsson, L., Råstam, M., Wentz, E. (2013). The Swedish Eating Assessment for Autism spectrum disorders (SWEAA) – validation of a self-report questionnaire targeting eating disturbances within the autism spectrum. *Research in developmental disabilities,* 34(7), 2224 – 2233.
110 Matson, J.L., Hattier, M.A., Belva, B., Matson, M.L. (2013). Pica in persons with developmental disabilities: Approaches to treatment. *Research in developmental disabilities,* 34(9), 2564 – 2571.
111 Rohde, J., Claussen, M. C., Kuechenhoff, B., Seifritz, E., Schuepbach, D. (2013). Combined symptomatology of psychosis, pica syndrome, and hippocampal sclerosis: A case report. *International Journal of Eating Disorders,* 46(1), 89 – 91.
112 Kumsar N.A., Erol A. The behavior of eating glass, with radiological findings: a case of pica. *J. Neuropsychiatry Clin. Neurosci.* 2013 Spring;25(2):E46-8. doi: 10.1176/appi.neuropsych.12040090. PMID: 23686062.
113 Bradshaw J.W., Neville P.F., Sawyer D. Factors affecting pica in the domestic cat. *Appl. Anim. Behav.* Sci. 1997;52:373 – 379.

dem Umzug in ein neues Zuhause erfolgte. Dies veranlasste Wissenschaftler zu der Theorie, dass die Trennung von der Mutter und den Geschwistern und/oder die Einführung in eine ungewohnte Umgebung mit Pica in Verbindung gebracht werden kann. Pica war im Alter von etwa 6 Monaten am häufigsten, verglichen mit den älteren Altersgruppen. Die meisten Katzen hatten es auf eine einzige Art von Material abgesehen, wobei Kunststoffe/Plastik und andere Materialien häufiger gefressen wurden als Wolle oder Stoffe. Es wurden auch die Faktoren untersucht, die mit dem Auftreten von „chronischem Pica“ bei Katzen in Verbindung standen[114]. In einer anderen Studie wurde berichtet, dass das Alter der Entwöhnung mit Pica in Zusammenhang stehen könnte[115]. Studien fanden keine Hinweise auf einen Zusammenhang zwischen Pica und dem Kastrationsstatus oder dem Geschlecht des Tieres.

Ursachen von Pica
Depressionen
Frustration
Isolation
Ängstlichkeit
Stress
Mangelnde Sozialisierung
Versuch, Aufmerksamkeit zu erhalten
Langeweile – Mangel an Anregung oder Bewegung
Pica kann durch verschiedene medizinische Erkrankungen ausgelöst werden, die zu erhöhtem Appetit führen, wie z. B: Immunvermittelte hämolytische Anämie (IMHA) Eisenmangelanämie Entzündliche Darmerkrankung (IBD) Hakenwürmer, Darmparasiten Magen-Tumor Schilddrüsenüberfunktion Diabetes mellitus Unterernährung Unausgewogene Ernährung[116]

114 Kinsman R., Casey R., Murray J. Owner-Reported Pica in Domestic Cats Enrolled onto a Birth Cohort Study. *Animals (Basel)*. 2021 Apr 12;11(4):1101. doi: 10.3390/ani11041101. PMID: 33921455; PMCID: PMC8070519.

115 Borns-Weil S., Emmanuel C., Longo J., Kini N., Barton B., Smith A., Dodman N.H. A case-control study of compulsive wool-sucking in Siamese and Birman cats (n = 204) *J. Vet. Behav.* 2015; 10:543 – 548.

116 https://wagwalking.com/condition/pica.

Auswirkungen auf die Gesundheit und die Mensch-Hund-Beziehung

Die langfristigen Auswirkungen auf die Gesundheit und das Wohlergehen der Hunde die Pica zeigen, sind weitgehend unbekannt und müssen weiter untersucht werden. Zu den theoretisch bedeutsamen Auswirkungen gehören jedoch Magen-Darm-Probleme, chronische Bauchfellentzündung, Pyruvatkinasemangel und Abnutzung oder Schäden an Zähnen und Zahnfleisch. Auch wenn es unwahrscheinlich ist, dass Pica ein direkter Grund für die Abgabe des Hundes ist, kann es die Bindung zwischen Mensch und Hund beeinträchtigen. Halter von Hunden, die Pica zeigen, müssen achtsamer sein und permanent versuchen, die Aufnahme von nicht essbaren Gegenständen zu verhindern, was sich als sehr anstrengend erweisen kann. Es kann auch angenommen werden, dass ein Halter, der den Zugang zu einem auf Pica abzielenden Gegenstand verhindert, unwissentlich Frustration oder Stress bei seinem Hund verursacht, was sich auf dessen Wohlbefinden auswirkt.

Angststörungen

Natürliche im Gegensatz zu krankmachender Angst

Angst ist ein natürliches Gefühl, das vor Gefahren und Bedrohungen warnt. Durch das Angstgefühl wird der Körper in Alarmbereitschaft versetzt. Es werden die Gefährlichkeit einer Situation und die jeweiligen Handlungsmöglichkeiten abgewogen, um geeignete Abwehrmaßnahmen zu treffen. Das können Reaktionen wie Flucht, Einfrieren oder Angriff sein. Ist die Bedrohungssituation vorbei, schwindet auch die Angst. Angst ist also eine normale kurzfristige Emotion des Hundes, die sich grundsätzlich nicht schädlich auf den Organismus auswirkt, da dieser nach entsprechenden Reaktionen wieder in einen ausgeglichenen Zustand zurückkehrt. Die hervorgerufenen Reaktionen wie gesteigerte Aufmerksamkeit, große Wachheit und erhöhte Leistungsfähigkeit machen das Tier in Belastungssituationen reaktionsstark. Angst wird durch eine Situation, eine Person oder ein Objekt ausgelöst, die eine äußere Bedrohung darstellt – unabhängig davon, ob es sich um eine reale oder objektiv wahrnehmbare Bedrohung handelt. Die Reaktion des autonomen Nervensystems bereitet den Körper auf Fight or Flight vor (normales Verhalten, das für die Anpassung und das Überleben unerlässlich ist).

Diagnosekriterien der Angstzustände und Panikstörungen nach der American Psychiatric Association (DSM-5)[90]
Die Furcht oder Angst steht in keinem Verhältnis zu der tatsächlichen Gefahr, die von der Situation ausgeht und zum soziokulturellen Kontext. Die Furcht, Angst oder Vermeidung ist anhaltend und hält typischerweise 6 Monate oder länger an. Die Furcht, Angst oder Vermeidung verursacht klinisch signifikanten Stress oder Beeinträchtigungen in wichtigen Funktionsbereichen.
Die Panikstörung ist durch episodische, unerwartete Panikattacken gekennzeichnet, die ohne einen eindeutigen Auslöser auftreten. Panikattacken sind definiert durch das rasche Auftreten intensiver Angst (typischerweise innerhalb von etwa 10 Minuten) mit mindestens vier der physischen und psychischen Symptome der DSM-5-Diagnosekriterien: Herzklopfen oder beschleunigte Herzfrequenz; Schwitzen; Zittern oder Schütteln; Empfindungen von Kurzatmigkeit oder Gefühl des Erstickens; Schmerzen oder Unbehagen in der Brust; Übelkeit oder Unterleibsbeschwerden; Schwindelgefühl, Unsicherheit, Benommenheit oder Ohnmacht, Derealisation (Gefühle der Unwirklichkeit) oder Furcht, die Kontrolle zu verlieren .

90 *Diagnostic and Statistical Manual of Mental Disorders (DSM-5)*. 5th ed. Arlington, VA, USA: American Psychiatric Association Publishing; 2013: 991.

Anders sieht das bei einer Angststörung aus. Eine Angststörung besteht, wenn Angstreaktionen in ungefährlichen Situationen auftreten. Die Angst steht in keinem angemessenen Verhältnis zur tatsächlichen Bedrohung. Die Hunde erleben die Angst dennoch psychisch und physisch intensiv. Sie können sie nicht ausschalten oder kontrollieren. Angst ist authentisch und deswegen bestrafen Sie Ihren Hund bitte niemals, wenn er Angst zeigt! In diesen Situationen braucht er Trost und Ihre Zuwendung. Sie können auch Angst nicht „bestätigen“, wie manche (leider häufig auch Tierärzte) meinen und Ihnen raten, Ihrem Hund in diesen Momenten oder Situationen keine Zuwendung zukommen zu lassen. Angst kann nicht verstärkt werden! Bindung kann allerdings geschwächt werden.

Die Angsterlebnisse treten immer wieder auf. Dies kann unabhängig von konkreten Auslösern geschehen oder in bestimmten Situationen oder an bestimmten Orten. Hunde mit Angststörungen versuchen dann zumeist, diese angstauslösenden Situationen oder Orte zu meiden. Angst wird zur Angststörung, wenn sie in unangebrachten Momenten auftritt, zu häufig auftritt und so intensiv und langanhaltend ist, dass sie die normalen Aktivitäten des Lebens beeinträchtigt.

Angststörungen und deren Auslöser

Angststörungen *mit* konkreten Auslösern	**Angststörungen *ohne* konkrete Auslöser**
Angstreaktionen sind mit konkreten Auslösern verbunden. Die anhaltende und übermäßige Angst vor einem bestimmten Reiz wird als Phobie bezeichnet. Man geht davon aus, dass nach dem Erleben eines phobischen Ereignisses jedes damit verbundene Ereignis – oder auch nur die Erinnerung daran – ausreicht, um eine Reaktion auszulösen. z. B. Flugangst, Angst vorm Tierarzt	Panikstörung: Plötzliche Panikattacken oder Angstzustände, ausgelöst durch bestimmte Situationen oder Objekte, zum Beispiel durch Menschenmengen. Von einer Panikstörung spricht man erst, wenn plötzliche Panikattacken über mehr als vier Monate auftreten. Panikattacken treten unter bestimmten Situationen oder Bedingungen auf. Sie erreichen nach ca. zehn Minuten ihren Höhepunkt.
Trennungsangst Diese kennzeichnet sich durch anhaltende, intensive und nicht dem Alter entsprechende Trennungsangst von wichtigen Bezugspersonen.	***Generalisierte Angst*** Ständige Anzeichen von Angst, Furcht und Stress für einen Zeitraum von mindestens 6 Monaten mit unkontrollierbaren und ausgeprägten Ängsten.

Zu den häufigsten Angststörungen bei Hunden gehören Trennungsangst, soziale Ängste und Geräuschangst. Auch wenn jede dieser Störungen anders ist, gehen sie alle mit Einschränkungen des Wohlbefindens und Funktionsstörungen einher.[117]

Ursachen von Angststörungen

Es gibt derzeit noch kein allgemein anerkanntes und umfassend erklärendes Modell, wie Angststörungen entstehen. Allerdings existieren verschiedene Theorien. Diese versuchen die Ursachen aus der jeweiligen wissenschaftlichen Perspektive zu erklären. Eines ist das Vulnerabilitäts-Stress-Modell. Dieses geht davon aus, dass es Risikofaktoren bei bestimmten Individuen gibt. Kommt es dann zu belastenden äußeren Faktoren (Triggern), zeigen sich bei diesen Individuen pathologische Symptome. Zudem beeinflussen genetische Faktoren, Umgebungsfaktoren, epigenetische Faktoren, psychische Veranlagung, körperliche Erkrankungen, und Veränderungen des Gehirns die Entstehung und den Verlauf von Angststörungen.

Auch Denk- und Lernvorgänge, die Erfahrungen beinhalten, welche Ängste hervorgerufen haben und Vermeidungsverhalten auslösen, spielen eine Rolle. So beispielsweise das sogenannte Lernen am Modell: Menschen oder andere Hunde im Umfeld zeigen Angstverhalten. Dieses wird von Hunden – teilweise verstärkt – übernommen. Auch nicht direkt erlebte Situationen können Ängste auslösen (z. B. das Zuschauen oder das Schreien eines anderen Hundes beim Tierarzt). Eine Angststörung kann zudem durch verschiedene Arten von Stress in der persönlichen Umgebung wie das Ende einer wichtigen Beziehung durch Tod oder Abgabe oder eine lebensbedrohliche Katastrophe wie einen Krieg ausgelöst werden.

Angstreaktionen auf Geräusche sind bei Hunden mit einer Prävalenz von bis zu 50% festzustellen[118]. Die häufigsten Auslöser für Geräuschangst sind Feuerwerk, Schüsse und Donner[119]; Hunde können jedoch auch auf andere Auslöser wie Hausalarme, Baustellenlärm, Motorräder oder Staubsauger reagieren. Viele Hunde reagieren auf mehrere Auslöser[120,121]. Die Last der Pflege für diese Hunde kann wesentlich und aufwändig sein; Hunde mit starker Lärmaversion können sich selbst verletzen, zum Beispiel während ihrer Fluchtversuche[122] aus Räumen oder Situationen.

117 https://www.msdmanuals.com/de-de/heim/psychische-gesundheitsst%C3%B6rungen/angstst%C3%B6rungen-und-stressbezogene-erkrankungen/angstst%C3%B6rungen-%E2%80%93-eine-%C3%BCbersicht

118 Blackwell E.J., Bradshaw J.W.S., Casey R.A. Fear responses to noises in domestic dogs: prevalence, risk factors and co-occurrence with other fear related behaviour. *Appl. Animal. Behav. Sci.* 2013;145: 15 – 25.

119 Tiira K., Sulkama S., Lohi H. Prevalence, comorbidity, and behavioral variation in canine anxiety. *J. Vet. Behav.* 2016; 16:36 – 44.

120 Blackwell E.J., Bradshaw J.W.S., Casey R.A. Fear responses to noises in domestic dogs: prevalence, risk factors and co-occurrence with other fear related behaviour. *Appl. Anim. Behav. Sci.* 2013; 145:15 – 25.

121 Overall K.L., Dunham A.E., Frank D. Frequency of nonspecific clinical signs in dogs with separation anxiety, thunderstorm phobia, and noise phobia, alone or in combination. *J. Am. Vet. Med. Assoc.* 2001; 219:467 – 73.

122 Overall K.L., Dunham A.E., Juarbe-Diaz S.V. Phenotypic determination of noise reactivity in 3 breeds of working dogs: a cautionary tale of age, breed, behavioral assessment, and genetics. *J. Vet. Behav.* 2016; 16:113 – 25.

Bei Trennungsproblemen sind die Erwartungen des Halters an die sozialen Bedürfnisse des Hundes wichtig. Viele Hunde fühlen sich nicht wohl, wenn sie lange Zeit allein gelassen werden, und daher sind einige Lebens- und Arbeitsstile nicht für die Haltung eines Hundes geeignet. Darüber hinaus müssen die Halter nicht nur für soziale Gesellschaft für den Hund sorgen, sondern auch für eine allmähliche Gewöhnung an die Zeit, die der Hund alleine verbringt[123, 124], plötzliche große Veränderungen der Zeit, die er alleine verbringt, vermeiden[125] und den Hund körperlich und geistig stimulieren.

Eine Beispielstudie: Hundetrainer und Trennungsangst

Sehr interessant in diesem Zusammenhang ist eine Studie, die zwei Gruppen von Hundetrainer zum Thema Trennungsangst befragte: Eine Gruppe von Trainern arbeitete nur mit positiver Verstärkung, die andere auch mit aversiven Methoden.

Hundetraining ist in Deutschland nicht reglementiert; jeder kann sich als Hundetrainer bezeichnen und es ist keine formale Qualifikation oder Erfahrung erforderlich. Hundetrainer erhalten nicht notwendigerweise eine Ausbildung in der Unterscheidung zwischen gesundem und pathologischem Verhalten. Einige Zertifizierungskurse für Hundetrainer lehren die Unterschiede zwischen normalem und krankhaftem Verhalten, andere nicht; einige Trainer bilden sich weiter, andere nicht. Daher gibt es innerhalb der Hundetrainerbranche große Wissensunterschiede.

Es gibt keine offiziellen Definitionen für Hundetrainingsstile, und es werden viele Begriffe verwendet. Trainer, die sich als „belohnungsbasiert", „positive Verstärkung", „gewaltfrei" oder „wenig invasiv, minimal aversiv" bezeichnen, verwenden überwiegend positive Verstärkung, um neue Verhaltensweisen zu vermitteln. Sie können negative Verstärkung und negative Bestrafung einsetzen, vermeiden aber positive Bestrafung. Einige Trainer verwenden positive und negative Verstärkung sowie positive und negative Bestrafung. Ausbilder, die sich selbst als „traditionelle Ausbilder" bezeichnen, verwenden in der Regel überwiegend Techniken der positiven Bestrafung. Es gibt kein offizielles Register für Hundetrainer und so ist es weder möglich, die Anzahl der praktizierenden Hundetrainer genau zu bestimmen, noch die Bandbreite der verwendeten Trainingsstile zu ermitteln.

123 Gazzano, A., Mariti, C., Alvares, S., Cozzi, A., Tognetti, R., Sighieri S. The prevention of undesirable behaviors in dogs: effectiveness of veterinary behaviorists' advice given to puppy owners. *J. Vet. Behav.,* 3 (2008), pp. 125 – 133.

124 Blackwell, E.J., Casey, R.A., Bradshaw J.W.S. Efficacy of written behavioral advice for separation-related behavior problems in dogs newly adopted from a rehoming center. *J. Vet. Behav.,* 12 (2016), pp. 13 – 19.

125 Harvey, N.D., Christley, R.M., Giragosian, K., Mead, R., Murray, J.K., Samet, L., Upjohn, M.M., Casey R.A. Impact of changes in time left alone on separation-related behaviour in UK pet dogs. *Animals,* 12 (2022), p. 482.

Trainingsmethoden

Verhalten tritt öfter auf, wenn (+)	Verhalten tritt seltener auf, wenn (−)
Positive Belohnung: *Etwas Angenehmes kommt dazu* **Konsequenz** Freude, Spaß, Zufriedenheit, Motivation	**Positive Strafe:** *Etwas Unangenehmes kommt dazu* **Konsequenz** Stress, Angst, Schmerz
Negative Belohnung: *Etwas Unangenehmes wird weggenommen* **Konsequenz** Erleichterung, Freude	**Negative Strafe:** *Etwas Angenehmes wird weggenommen* **Konsequenz** Frustration, Enttäuschung, Wut

Lerntheorie Trainingsmethoden: Positive Belohnung und Negative Belohnung; Positive Strafe und Negative Strafe.

Was wir jedoch wissen, ist, dass viele Halter häufig bereits eine Beziehung zu einem Hundetrainer haben, zum Beispiel durch Welpenkurse oder Trainingskurse, oder sie suchen diesen Trainer auf, weil sie der Meinung sind, dass das Problem der Trennungsangst am besten von einem Trainer und nicht von einem Tierarzt gelöst werden kann. Daher sind Hundetrainer möglicherweise die ersten, die dem Halter Ratschläge zum Management geben. Um so wichtiger ist es, nachzuvollziehen, wie Hundetrainer zum Beispiel Trennungsangst einordnen, verstehen und behandeln.

Es wird nicht von den Trainern erwartet, dass sie Angststörungen diagnostizieren, allerdings empfehlen traditionelle Trainer weniger häufig das Hinzuziehen eines Tierarztes, der eine Diagnose stellen und so andere (medizinische) Ursachen für das beobachtete Verhalten ausschließen kann. Die Studie stellte fest[126], dass sich die Ansichten der Hundetrainer je nach Ausbildungsstil erheblich unterschieden. Am auffälligsten war der Meinungsunterschied bezüglich des Einbeziehens von Tierärzten und potenzieller Medikamentengabe. Belohnungsbasierte Trainer stuften den Einsatz von Medikamenten und die Einbeziehung von Tierärzten durchweg als deutlich wichtiger ein als die aversiv arbeitenden Trainer. Auf die Frage, wie wichtig die Unterstützung durch einen Verhaltenstierarzt für den Erfolg des Managements von Trennungsangst ist, war die häufigste Antwort von belohnungsorientierten Trainern „extrem wichtig“ im Vergleich zu „nicht wichtig“ der anderen Trainergruppe.

126 Hunter, T., van Rooy, D., McArthur, M., Bennett, S., Tuke, J., Hazel, S. (2020). Mental Health Disease or Preventable Problem? Australian Dog Trainers' Opinions about Canine Separation Anxiety Differ with Training Style. *Animals,* 10(8), 1393.

Hundetrainer haben nicht unbedingt eine formale Ausbildung in der Erkennung von emotionalen oder psychischen Störungen, und es wäre nicht angemessen, von ihnen zu erwarten, dass sie bestimmen, wann eine Medikation angezeigt ist. Es ist daher besorgniserregend, dass eine Reihe von Hundetrainern in dieser Studie sich sicher fühlte, zu entscheiden, dass eine medikamentöse Behandlung nicht nötig war. Dies unterstreicht zwei Punkte: erstens die Bedeutung einer kontinuierlichen Schulung der Hundetrainer in Bezug auf eine mögliche affektive Grundlage für Verhaltensprobleme und zweitens die Notwendigkeit, die Zusammenarbeit zwischen Trainern, Tierärzten und anderen qualifizierten Fachleuten für Tierverhalten zu fördern, um Hund und Halter möglichst effektiv zu unterstützen.

Möglicherweise gibt es ein unterschiedliches Verständnis von Trennungsangst: Belohnungsorientierte Trainer betrachten Trennungsangst eher als eine emotionale Störung oder ein psychisches Problem des Hundes und nicht als ein Trainingsproblem. Der bemerkenswerte Unterschied zwischen den Gruppen zeigte sich auch in den Antworten der Trainer, warum sie sich nicht an einen Tierarzt oder Verhaltensforscher wenden würden. Die Hälfte der traditionellen Trainer war der Ansicht, dass Medikamente in den Fällen, die sie sahen, „nur selten benötigt wurden", verglichen mit 4,9 % der belohnungsorientierten Trainer. Die wissenschaftliche Literatur zeigt, dass psychotrope Medikamente zusammen mit Managementstrategien und Verhaltensmodifikation ein wirksamer Bestandteil der Behandlung von Trennungsangst sind[127, 128, 129, 130]. Und wenn Hundetrainer Bedenken gegen den Einsatz von Medikamenten haben, ist es wahrscheinlich, dass die Halter zögern, sich in tierärztliche Behandlung zu begeben, da sie sich häufig von den Überzeugungen ihrer Hundetrainer leiten lassen.

Auch bei der Frage, ob Trennungsangst vermeidbar sei, unterschieden sich die Meinungen der beiden Gruppen erheblich: Fast alle traditionellen Trainer glaubten, dass Trennungsangst vermeidbar ist, während dies nur für die Hälfte der belohnungsorientierten Trainer galt. Wenn Trennungsangst vermeidbar wäre, sollten die Ursachen nur Faktoren umfassen, die mit dem Management und dem Training zusammenhängen, und nicht solche, die eine emotionale oder psychische Basis haben. Die Ursachenlehre der Trennungsangst ist noch nicht klar definiert und scheint multifaktoriell zu sein, das heißt sie umfasst Faktoren, die nicht nur mit der Haltung und

127 Simpson, B.S., Landsberg, G.M., Reisner, I.R., Ciribassi, J.J., Horwitz, D., Houpt, K.A., Kroll, T.L., Luescher, A., Moffat, K.S., Douglass, G., … et al. Effects of Reconcile (fluoxetine) Chewable Tablets Plus Behavior Management for Canine Separation Anxiety. *Vet. Ther.* 2007, 8, 18 – 31.

128 Cannas, S., Frank, D., Minero, M., Aspesi, A., Benedetti, R., Palestrini, C. Video analysis of dogs suffering from anxiety when left home alone and treated with clomipramine. *J. Vet. Behav.* 2014, 9, 50 – 57.

129 Pineda, S., Anzola, B., Olivares, A., Ibáñez, M. Fluoxetine combined with clorazepate dipotassium and behaviour modification for treatment of anxiety-related disorders in dogs. *Vet. J.* 2014, 199, 387 – 391.

130 Ogata, N., Dodman, N.H. The use of clonidine in the treatment of fear-based behavior problems in dogs: An open trial. *J. Vet. Behav.* 2011, 6, 130 – 137.

dem Training zusammenhängen. Überbeschützende Bindung wurde bereits als ein beitragender Faktor vorgeschlagen[131].

In einer Studie von de Assis und Kollegen[132] wurden Hunde mit Trennungsproblemen vier klinisch unterschiedlichen Gruppen zugeordnet, was darauf hindeutet, dass es mehrere Ursachen für Trennungsangst gibt. Genetische Zusammenhänge sind bereits nachgewiesen, so gibt es bei Golden Retrievern ein Gen, das einen Zusammenhang mit Trennungsangst aufgezeigt. Auch die Herkunft eines Hundes steht in Zusammenhang mit der Prävalenz von Trennungsangst, wobei Hunde aus Tierheimen, von Vermehrern und aus Tierhandlungen ein höheres Risiko aufweisen als Hunde von Kleinzüchtern[133, 134]. Die Ergebnisse bezüglich des Geschlechts sind widersprüchlich: Einige Studien zeigen ein höheres Vorkommen bei Rüden[135, 136], während andere keinen Zusammenhang mit dem Geschlecht feststellen[137] .

Es gibt viele Differentialdiagnosen, darunter auch verhaltensbedingte und medizinische Erkrankungen, die möglicherweise nicht auf den ersten Blick erkennbar sind. So wird beispielsweise von einer Komorbidität[138] zwischen Trennungsangst und Geräuschangst berichtet[139] und Geräuschangst kann auch mit Schmerzen des Bewegungsapparats verbunden sein[140]. In einer Studie wurde über die hohe Schmerzprävalenz bei Hunden berichtet, die in spezialisierten Verhaltenspraxen behandelt wurden[141] und an Geräuschangst litten. Demnach kann sowohl ein Mangel an Verständnis für potenzielle medizinische Ursachen für Verhaltensprobleme bestehen als auch das Potenzial, die Diagnose zu verzögern und das Behandlungsergebnis zu beeinträchtigen, wenn etwaige gleichzeitige Diagnosen nicht erkannt werden.

131 Appleby, D., Pluijmakers, J. Separation anxiety in dogs: The function of homeostasis in its development and treatment. *Clin. Tech. Small Anim. Pract.* 2004, 19, 205 – 215.

132 De Assis, L.S., Matos, R., Pike, T.W., Burman, O.H.P., Mills, D.S. Developing Diagnostic Frameworks in Veterinary Behavioral Medicine: Disambiguating Separation Related Problems in Dogs. *Front. Vet. Sci.* 2020, 6, 499.

133 Van Rooy, D., Thomson, P.C., McGreevy, P.D., Wade, C.M. Risk factors of separation-related behaviours in Australian retrievers. *Appl. Anim. Behav. Sci.* 2018, 209, 71 – 77.

134 Flannigan, G., Dodman, N.H. Risk factors and behaviors associated with separation anxiety in dogs. *J. Am. Vet. Med. Assoc.* 2001, 219, 460 – 466.

135 Bradshaw, J.W.S., McPherson, J.A., Casey, R.A., Larter, I.S. Aetiology of separation-related behaviour in domestic dogs. *Vet. Rec.* 2002, 151, 43 – 46.

136 Storengen, L.M., Boge, S.C.K., Strøm, S.J., Løberg, G., Lingaas, F. A descriptive study of 215 dogs diagnosed with separation anxiety. *Appl. Anim. Behav. Sci.* 2014, 159, 82 – 89.

137 Flannigan, G., Dodman, N.H. Risk factors and behaviors associated with separation anxiety in dogs. *J. Am. Vet. Med. Assoc.* 2001, 219, 460 – 466.

138 Eine Komorbidität ist ein weiteres, diagnostisch abgrenzbares Krankheitsbild oder Syndrom, das zusätzlich zu einer Grunderkrankung vorliegt. Übersetzt bedeutet der Begriff Begleiterkrankung.

139 Overall, K.L., Dunham, A.E., Frank, D. Frequency of nonspecific clinical signs in dogs with separation anxiety, thunderstorm phobia, and noise phobia, alone or in combination. *J. Am. Vet. Med. Assoc.* 2001, 219, 467 – 473.

140 Fagundes, A.L.L., Hewison, L., McPeake, K.J., Zulch, H., Mills, D.S. Noise sensitivities in dogs: An exploration of signs in dogs with and without musculoskeletal pain using qualitative content analysis. *Front. Vet. Sci.* 2018, 5.

141 Mills, D.S., Demontigny-Bédard, I., Gruen, M., Klinck, M.P., McPeake, K.J., Barcelos, A.M., Hewison, L., … et al. Pain and problem behavior in cats and dogs. *Animals* 2020, 10, 318.

Der auffällige Unterschied zwischen den Beurteilungen und Herangehensweisen der belohnungsbasierten und traditionellen Trainer kann das Verständnis der Trainer für die Verhaltensentwicklung widerspiegeln, einschließlich der Rolle von Genetik, Epigenetik, Umwelt, der Entwicklung sozialer Beziehungen, externer Stressfaktoren und Lernen[142]. Das kann beträchtliche Konsequenzen für das Wohlergehen der Hunde haben.

Pharmakologie

Häufig verwendete pharmakologische Wirkstoffe bei der (tierärztlich verordneten!) Behandlung von Geräuschangst (zusammen mit einer Verhaltenstherapie selbstverständlich) umfassen Trazodon[143], Benzodiazepine (Clomipramin, Alprazolam)[144], Diazepam[145] und Clonidin[146]. Diese wurden allein oder in Kombination mit SSRIs[147] angewendet. Zugelassene Medikamente sind für die Behandlung von Geräuschangst bei Hunden: ein oromukosales[148] Gel aus Dexmedetomidin (Sileo) und ein partieller Benzodiazepinrezeptoragonist, Imepitoin (Pexion)[149, 150].

142 Houpt, K.A. *Domestic Animal Behavior for Veterinarians & Animal Scientists,* 6th ed.; Wiley Blackwell: Hoboken, NJ, USA, 2018.

143 Gruen M.E., Sherman B.L. Use of trazodone as an adjunctive agent in the treatment of canine anxiety disorders: 56 cases (1995-2007). *J. Am. Vet. Med. Assoc.* 2008; 233:1902 – 7.

144 Crowell-Davis S.L., Seibert L.M., Sung W., et al. Use of clomipramine, alprazolam, and behavior modification for treatment of storm phobia in dogs. *J. Am. Vet. Med. Assoc.* 2003; 222:744 – 8.

145 Herron M.E., Shofer F.S., Reisner I.R. Retrospective evaluation of the effects of diazepam in dogs with anxiety-related behavior problems. *J. Am. Vet. Med. Assoc.* 2008; 233:1420 – 4.

146 Ogata N., Dodman N.H. The use of clonidine in the treatment of fear-based behavior problems in dogs: an open trial. *J. Vet. Behav.* 2011;6:130 – 7.

147 Selektive Serotonin Wiederaufnahmeinhibitoren (SSRI) (englisch Selective Serotonin Reuptake Inhibitors, SSRI) sind eine Klasse von Antidepressiva. Gemeinsam ist diesen Substanzen, dass sie Serotonintransporter blockieren und dadurch die Konzentration von Serotonin in der Gewebsflüssigkeit des Gehirns erhöhen.

148 Zur Anwendung in der Mundhöhle.

149 Lorpivaara M., Laapas K., Huhtinen M., et al. Dexmedetomidine oromucosal gel for noise-associated acute anxiety and fear in dogs-a randomised, double-blind, placebocontrolled clinical study. *Vet. Rec.* 2017;180:356.

150 Engel O., Müller H.W., Klee R., et al. Effectiveness of imepitoin for the control of anxiety and fear associated with noise phobia in dogs. *J. Vet. Intern. Med.* 2019; 33:2675 – 84.

Generalisierte Angststörung (GAD)

Bei einer generalisierten Angststörung zeigt der Hund eine konstante und hohe Reaktivität, Wachsamkeit und große motorische Aktivität, die (s)eine normale soziale Interaktion beeinträchtigt. Ständige Anzeichen von Angst, Furcht und Stress sind weitere Merkmale der GAD bei Hunden[151]. Per Definition muss die generalisierte Angststörung für einen Zeitraum von mindestens 6 Monaten mit unkontrollierbaren und ausgeprägten Ängsten vorliegen. Dabei zeigt der Hund verschiedene körperliche Anzeichen (hecheln, zittern, Hypervigilanz, exzessives Bellverhalten) sowie konstante oder fast konstante Anzeichen von Angst und Furcht, unabhängig vom Kontext, was seine Lebensqualität und den täglichen Tagesablauf stark beeinträchtigt[152].

Furcht und Angst – die Unterschiede

Im täglichen Sprachgebrauch wird oft nicht zwischen Furcht und Angst unterschieden. ***Angst*** *ist ein unbestimmtes Gefühl der Beklemmung oder Besorgnis, ausgehend von wenig spezifizierbaren Einflüssen, die als potenziell bedrohlich wahrgenommen werden.* ***Furcht*** *hingegen wird durch konkrete Reize, Objekte oder Situationen ausgelöst und resultiert in einer Furcht- oder Alarmreaktion. Wenn Tiere einer bedrohlichen Situation entfliehen, sprechen Psychologen von* ***Furcht***. ***Furcht*** *gilt als klar auf eine äußere Gefahr hin ausgerichtet (also zum Beispiel ein Fressfeind). Handelt es sich hingegen um die Emotion* ***Angst***, *kann diese eher unbestimmt sein. Individuelle Unterschiede von Furcht und Angst resultieren aus einem Wechselspiel zwischen genetischer Veranlagung, individuellen Erfahrungen und neurobiologischen Prozessen. Es zeigt sich ein hohes Maß an Ähnlichkeiten biologischer Strukturen der beteiligten Hirnregionen bei Menschen und anderen Säugetierspezies für die Verarbeitung von Furcht. Der Mandelkern (Amygdala) ist von zentraler Bedeutung für die emotionalen Komponenten unserer Erinnerung an ein unangenehmes Ereignis, das sogenannte Furchtgedächtnis. Der Hippocampus gibt komplexe Informationen über den Kontext, in dem das Ereignis stattfindet. Der Präfrontalkortex ist eine Art übergeordnete Instanz, die das Ereignis bewertet, mit Erfahrungswerten vergleicht und gegebenenfalls ein Umlernen vermittelt.*

Furcht	Angst
Unmittelbar drohende Gefahr	Unaufgelöste Furcht
Vermeidungs-Verteidigungsmotiv	Ort oder Ursache der Bedrohung ist undeutlich
	Ängstliche Stimmung, Vorahnung
Unangenehm empfundener Aktivierungszustand, der auf eine Bedrohung bezogen ist.	
Ängstlichkeit (trait anxiety) versus situativer Angst (state anxiety)	

Quelle: https://www.mps.uni-freiburg.de/lehre/medpsych/vorl/angst

151 Craske, M.G., Stein, M.B. *Anxiety Lancet,* 388 (2016), pp. 3048 – 3059.
152 Crowell-Davis, S. Generalized anxiety disorder. *Compend. Contin. Educ. Vet.,* 31 (9) (2009), pp. 427 – 430.

Die Anfälligkeit für Angststörungen hängt von der genetischen Veranlagung, Umweltfaktoren und frühen Lebenserfahrungen ab[153]. Bei Hunden, die schlecht sozialisiert wurden, eine schlechte mütterliche Betreuung hatten oder in der Welpenzeit negative Erfahrungen machten, sind Angstprobleme signifikant häufiger anzutreffen[154]. Eine genetische Veranlagung für einen ängstlichen Phänotyp ist bei Hunden nachgewiesen[155]. Prädisponierte Rassen sind insbesondere Hütehunde wie Border Collie oder Australian Shepherd.

Angststörungen beeinträchtigen die Lebensqualität der betroffenen Hunde und ihrer Halter erheblich[156]. Übermäßige Angst und Furcht gehen oft mit einem höheren Maß an (Angst-)Aggression gegenüber unbekannten Menschen oder Hunden einher[157], sodass auch soziale Interaktionen schwierig oder nur sehr eingeschränkt möglich sind. Ebenfalls sind motorische Unruhe, Überreiztheit oder Nervosität und leichte Ermüdbarkeit typische Begleiterscheinungen. Die Hunde zeigen zudem vielfach Konzentrationsschwierigkeiten und leiden an Muskelverspannungen und Schlafstörungen.

Angst führt zu einem erhöhten Stressniveau, das durch Kortisol gemessen werden kann[158]. Kortisol ist ein wichtiger Biomarker, der die Auswirkungen von Stress bei Hunden aufzeigen kann[159]. So steigt beispielsweise der Kortisolspiegel von Hunden mit Sturmphobie bei Gewitter um mehr als das Doppelte an, und der Stress, den ein Leben mit einer Angststörung mit sich bringt, wirkt sich negativ auf die Gesundheit und die Lebenserwartung der Hunde aus[160]. So leiden diese Hunde signifikant häufiger an einer Reihe verschiedener gesundheitlicher Probleme und versterben jünger. Hunde mit Geräuschangst haben zudem höhere Kortisolwerte in ihrem Haarschaft, was ein Hinweis auf einen langfristig erhöhten Stresspegel ist[161]. Veränderungen der Stresshormone können auf die Schwere des Stresses und die Art der Angststörung zurückzuführen sein[162] und Stress kann Ängste verstärken[163], was wiederum die Behandlung erschwert.

153 Craske, M.G., Stein, M.B., Eley, T.C., Milad, M.R., Holmes, A., Rapee, R.M., Wittchen H.U. Anxiety disorders. *Nat. Rev. Dis. Primers,* 3 (2017), p. 17024.

154 Tiira, K., Lohi, H. Early Life Experiences and Exercise Associate with Canine Anxieties. *PLoS One,* 10 (2015), p. e0141907.

155 Forster B., Michael O.E., Erhard E., Bartels A. Short-term imepitoin treatment reduces stress level in dogs with generalized anxiety disorder. *Journal of Veterinary Behavior,* Vol 38, July – August 2020, Pages 67 – 73.

156 Blackwell, E.J., Bradshaw, J.W.S., Casey, R.A. Fear responses to noises in domestic dogs: Prevalence, risk factors and co-occurrence with other fear related behavior. *Appl. Anim. Behav. Sci.,* 145 (2013), pp. 15 – 25

157 Tiira, K., Sulkama, S., Lohi, H. Prevalence, comorbidity, and behavioral variation in canine anxiety. *J. Vet. Behav.: Clin. Appl. Res.,* 16 (2016), pp. 36 – 44.

158 Franzini de Souza, C.C., Maccariello, C.E.M., Dias, D.P.M, Almeida, N.A.D, Medeiros, M.A.D. Autonomic, endocrine and behavioural responses to thunder in laboratory and companion dogs. *Physiol. Behav.,* 169 (2017), pp. 208 – 215.

159 Franzini de Souza, C.C., Maccariello, C.E.M., Dias, D.P.M, Almeida, N.A.D, Medeiros, M.A.D. Autonomic, endocrine and behavioural responses to thunder in laboratory and companion dogs. *Physiol. Behav.,* 169 (2017), pp. 208 – 215.

160 Dreschel, N.A., Granger, D.A. Physiological and Behavioral Reactivity to Stress in Thunderstorm-Phobic Dogs and Their Caregivers. *Appl. Anim. Behav. Sci.,* 95 (2005), pp. 153 – 168.

161 Siniscalchi, M., McFarlane, J.R., Kauter, K.G., Quaranta, A., Rogers, L.J. Cortisol levels in hair reflect behavioural reactivity of dogs to acoustic stimuli. *Res. Vet. Sci.,* 94 (2013), pp. 49 – 54.

162 Plag, J., Schumacher, S., Schmid, U., Ströhle, A. *Baseline and acute changes in the HPA system in patients with anxiety disorders: The current state of research Neuropsychiatry,* 3 (2013), pp. 45 – 62.

163 Grillon, C., Duncko, R., Covington, M.F., Kopperman, L., Kling, M.A. Acute Stress Potentiates Anxiety in Humans. *Biol. Psychiatry,* 62 (2007), pp. 1183 – 1186.

Angst und Leistung

Die Auswirkung von Angstgefühlen auf die Leistung von Hunden kann auf einer Kurve dargestellt werden. Wenn die (noch gesunde) Angst zunimmt, erhöht sich proportional dazu die Leistungseffizienz, aber nur bis zu einem bestimmten Punkt. Wenn sich das Angstgefühl dann weiter erhöht, sinkt die Leistungseffizienz. Bevor der Höhepunkt der Kurve erreicht ist, gilt das Angstgefühl als angepasst, da es dem Individuum dabei hilft, sich auf eine Krise vorzubereiten und die Funktionsfähigkeit zu verbessern. Hinter dem höchsten Wert der Kurve gilt das Angstgefühl als negativ, da es psychische Belastungen erzeugt und die Funktionsfähigkeit des Hundes beeinträchtigt wird[164]. Angst beeinflusst demnach auch die Fähigkeiten der Hunde, zu lernen, Strategien zu entwickeln, sich zu konzentrieren und Erlerntes zu behalten und wieder zu reproduzieren!

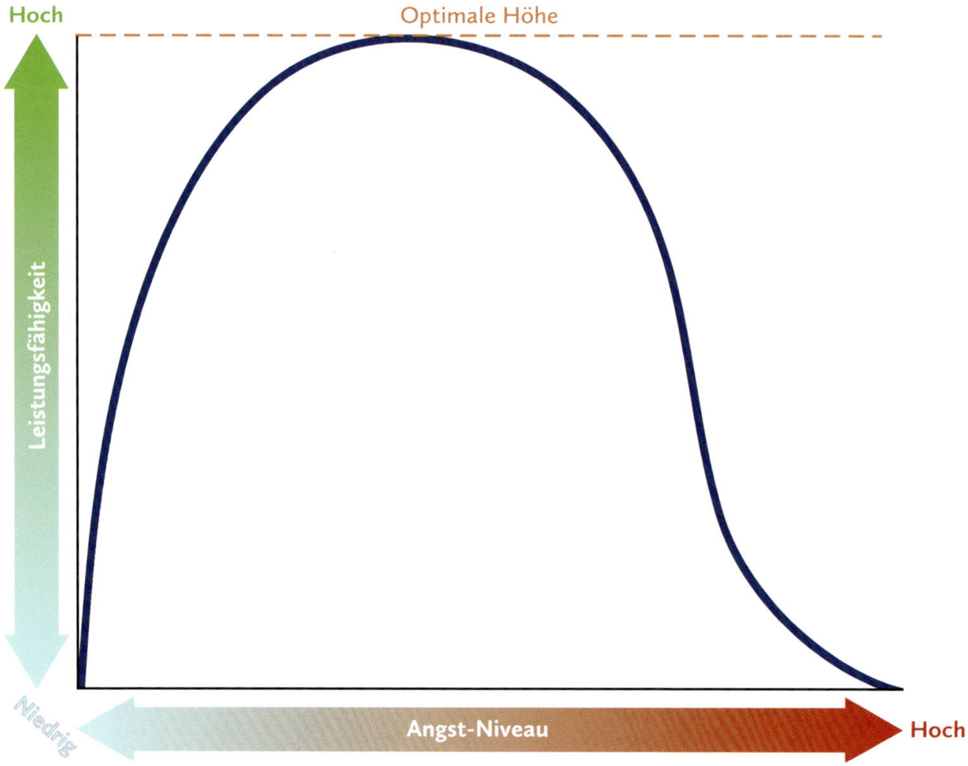

164 www.msdmanuals.com/de-de/heim/psychische-gesundheitsstörungen/angststörungen-und-stressbezogene-erkrankungen/angststörungen-–-eine-Übersicht

Integrative Modelle

Integrative Modelle gehen davon aus, dass biologisch-körperliche, psychische und soziale Faktoren zusammenwirken. Es gibt sogenannte verursachende Faktoren, wie genetische Veranlagung, Persönlichkeitsfaktoren oder Erziehungseinflüsse. Dazu kommen dann auslösende Faktoren, die, wenn verursachende Faktoren vorhanden sind, die Angststörung „aktivieren" können. Dazu zählen z. B. traumatische Erfahrungen, akute Belastungssituation, Stress, körperliche Erkrankungen oder Konflikte. Im letzten Schritt schauen wir auf die aufrechterhaltenden Faktoren von psychischen Störungen. Dazu gehören Vermeidungsverhalten, fehlende situative oder allgemeine Lebenskontrolle und geringe Resilienz. Häufig gehen diese einher mit fehlenden Strategien und mangelnder Selbstwirksamkeit der betroffenen Hunde, Hemmung von Gefühlen und ungünstigen sozialen Einflüssen.

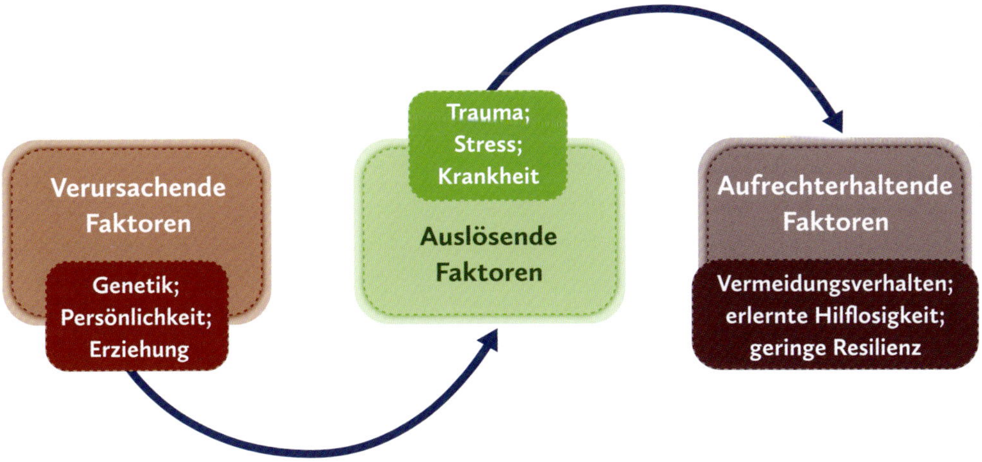

Medizinische Tests

Wie oben bereits erwähnt ist es bei jeder Verhaltensauffälligkeit von zentraler Bedeutung, im Vorfeld eine medizinische Abklärung durchführen zu lassen! Das heißt, Ihr Hund sollte immer zuerst einem sachkundigen Tierarzt vorgestellt werden. Einige der zu bestimmenden Laborparameter, die mit den häufigsten Verhaltensproblemen einhergehen, sind folgende:

	Ursache	Laboruntersuchung
Angst	Schilddrüse	T4, fT4, TSH, TG-AK, TgAA (Thyreoglobulin-Autoantikörper)/T3AA und T4AA (T3- und T4-Autoantikörper)
	Serotoninmangel	Serotonin
	Phäochromozytom	Normethanephrin+Metanephrin
Aggressivität	Schilddrüse	Siehe oben
	Serotoninmangel	Serotonin
	Schmerz	Kortisol als Stressmarker
	Sexualsteroide aus den Gonaden	Testosteron, Östradiol
Überaktivität/ Unruhe	Schilddrüse	Siehe oben
	Phäochromozytom	Normethanephrin+Metanephrin
	Ektoparasiten	Ektoparasiten-Untersuchung
	Vergiftung	Schwermetallscreening, Giftscreening

Fachlatein: Genetisch bedingte Verhaltensprobleme

Gendefekte, die mit Verhaltensänderungen einhergehen, sind beispielsweise die neuronale Ceroid-Lipofuszinose (Unruhe, Aggressivität, Angst), das akrale Mutilationssyndrom (Pfotenknabbern), die Glycogenspeicherkrankheit (Lethargie), die nekrotisierende Meningoenzephalitis (Orientierungslosigkeit, Kopfschütteln, Kreislaufen), der Dopamin-Transporter-Polymorphismus (Hereditäre Verhaltensauffälligkeit beim Malinois: geminderte Erregbarkeit, anfallsweise Aggressivität) und viele mehr.
Bei zahlreichen Rassen konnten die ursächlichen Mutationen bereits ermittelt werden, weshalb bei verhaltensauffälligen Rassehunden auch die Möglichkeiten der Diagnostik von Erbkrankheiten berücksichtigt werden sollte. Es besteht – v.a. beim Hund – ein umfangreiches und laufend größer werdendes Testangebot!

Mögliche Behandlungsmethoden

Die Behandlung einer Angststörung besteht normalerweise aus Verhaltenstherapie und Medikamenten. Die Symptome können durch eine Behandlung gemildert werden bzw. auch komplett wegfallen. Es kann jedoch zu Rückfällen kommen. Ein wesentlicher Aspekt der Verhaltenstherapie ist der Umgang mit der Erkrankung. Dabei lernt der Hund, mit seiner Angst besser umzugehen und Strategien zu entwickeln, um die Angstempfindung zu mindern. Tritt neben der Angststörung noch eine andere psychische Erkrankung auf (z. B. Depression, Zwangsstörung oder Sucht), sollte der Verhaltenstherapeut, der sich in Bezug auf das Krankheitsbild auskennt und bereits Therapieerfahrungen besitzt, auch diese berücksichtigen. Nicht viele Hundeverhaltenstherapeuten oder Trainer sind versiert in psychischen Erkrankungen[165]. Mögliche Verstärker der Angst sollten immer beobachtet und bestenfalls vermieden werden (z. B. negativer Stress).

Folgende Wirkstoffe werden häufig bei den jeweiligen Angststörungen eingesetzt:

Medikamente:

Panikstörungen	Generalisierte Angststörung	Sozialphobie
Citalopram, Paroxetin, Sertralin oder auch Venlafaxin. Wenn diese Medikamente nicht wirken, kann Clomipramin zum Einsatz kommen.	Paroxetin, Venlafaxin, Duloxitin, Buspiron oder Pregabalin	Paroxetin, Sertralin, Escitalopram oder Venlafaxin. Oder auch Betablocker in ausgewählten stressigen Situationen

165 aber siehe z.B. Maria Hense.

Zwangsstörungen (Obsessive compulsive disorder (OCD) oder canide Zwangsstörung (canine compulsive disorder – CCD)

Die Zwangsstörung ist eine neuropsychiatrische Störung, die sowohl bei Menschen als auch bei Tieren beobachtet wird. Abnormale, sich wiederholende Verhaltensweisen sind bei in Gefangenschaft gehaltenen wilden und domestizierten Tieren zu beobachten, nicht aber in der Natur. Spontane zwanghafte Verhaltensweisen treten bei vielen Hunderassen auf und können verschiedene Formen annehmen, wie z. B Schwanzjagen (s. Video 1), Licht-/Schattenjagen und Saugen (z. B. am Gewebe oder an den Flanken aber auch an Tüchern (s. Video 2, Links auf S. 7), Stofftieren o. ä.), Lecken, Jagen von „unsichtbaren Fliegen oder Lichter, Erstarren und Anstarren“[166]. Bei Hunden gibt es diverse, häufig miteinander einhergehende zwanghafte Verhaltensweisen, die oft rassespezifisch sind. Übertriebene, unangemessene und sich wiederholende Verhaltensweisen werden als stereotyp bezeichnet. Stereotype Verhaltensweisen werden als übersteigerte Formen natürlicher Verhaltensweisen wie Fressen, Fortbewegung oder Beuteverhalten betrachtet[167]. Zu den möglichen Ursachen für stereotypes Verhalten bei Hunden zählen sowohl genetische als auch Umweltfaktoren[168, 169]. Stereotypes Verhalten kann auch eine Bewältigungsstrategie für umweltbedingten Stress und Ängste darstellen[170]. Verhaltensprobleme entstehen in Stresssituationen, wenn der Hund nicht physisch von der Stressquelle fliehen kann[171, 172] oder die Hunde nicht in der Lage sind, mit plötzlichen Veränderungen in ihrer Umgebung zurechtzukommen[173]. Vorenthaltene Belohnungen führen ebenfalls zu Frustration, was wiederum zu stereotypem Verhalten führen kann. Unterschiedliche Studien belegen, dass bei Tieren, denen die Möglichkeit gegeben wurde, natürliches Nahrungsbeschaffungsverhalten (Beute suchen, jagen, erlegen und sich mit der erlegten Beute beschäftigen) auszuführen, lokomotorische Stereotypien reduziert werden konnten. Das bedeutet, dass Enrichment beispielsweise in Form von Futtersuchspielen[174], helfen kann, denn die Hunde müssen selbstverständlich keine „echte“ Beute jagen.

166 Luescher, A.U. (2003). Diagnosis and management of compulsive disorders in dogs and cats. *Vet. Clin. North Am. Small Anim. Pract.* 33: 253 – 267.
167 Cheyne, S.M. (2006). Unusual behaviour of captive-raised gibbons: Implications for welfare. *Primates* 47: 322–326.
168 Luescher, A.U. (2003). Diagnosis and management of compulsive disorders in dogs and cats. *Vet. Clin. North Am. Small Anim. Pract.* 33: 253 – 267.
169 Grisham, J.R., Anderson, T., Sachdev, P. (2008). Genetic and environmental influences on obsessive-compulsive disorder. *Eur. Arch. Psychiatry Clin. Neurosci.* 258: 107.
170 Mason, G., Rushen, J. (2006).Stereotypic animal behaviour. Fundamentals and applications to welfare. Oxfordshire, UK: *CABI Pub.* 286 p.
171 Luescher, U.A. Diagnosis and management of compulsive disorders in dogs and cats. *Vet. Clin. N. Am. Small Anim. Pract.* 2003, 33, 253 – 267.
172 Mason, G., Clubb, R., Latham, N., Vickery, S. Why and how should we use environmental enrichment to tackle stereotypic behavior? *Appl. Anim. Behav. Sci.* 2007, 102, 163 – 188.
173 Protopopova, A., Hall, N.J., Wynne, C.D.L. Association between increased behavioral persistence and stereotypy in the pet dog. *Behav. Proc.* 2014, 106, 77 – 81.
174 Hier siehe zum Beispiel Christina Sondermann Spass-mit-Hund und ihre Bücher.

Diagnosekriterien der Zwangsstörungen nach der American Psychiatric Association (DSM-5)
Die Zwangsstörungen werden im DSM-5 nicht mehr unter den Angststörungen aufgeführt, sondern in einem neuen Kapitel, den so genannten Obsessive-Compulsive and Related Disorders. Neben den Zwangsstörungen werden in diesem Kapitel unter anderem die Hoarding Disorder (Pathologisches Horten), die Trichotillomanie (Hair-Pulling-Disorder) und die Excoriation Disorder (Skin-Picking Disorder) aufgeführt.
Definition: Wiederkehrende und anhaltende Gedanken, Triebe oder Bilder, die zu einem bestimmten Zeitpunkt während der Störung als aufdringlich und unerwünscht erlebt werden und bei den meisten Menschen starke Ängste auslösen. Der Betroffene versucht, solche Gedanken, Triebe oder Bilder zu ignorieren oder zu unterdrücken oder sie durch einen Gedanken oder eine Handlung zu neutralisieren (z. B. indem er einen Zwang ausübt).
Zwänge sind: • Sich wiederholende Verhaltensweisen, zu deren Ausführung sich das Individuum als Reaktion auf eine Obsession oder nach streng einzuhaltenden Regeln getrieben fühlt. • Die Verhaltensweisen oder mentalen Handlungen zielen darauf ab, Belastungen zu vermeiden oder zu verringern oder ein gefürchtetes Ereignis oder eine Situation zu verhindern. Diese Verhaltensweisen oder mentalen Handlungen stehen jedoch entweder nicht in einem realistischen Zusammenhang mit dem, was sie neutralisieren oder verhindern sollen, oder sie sind eindeutig übertrieben. • Die Zwangsvorstellungen oder Zwänge nehmen viel Zeit in Anspruch (z. B. mehr als eine Stunde pro Tag) oder verursachen klinisch bedeutsamen Stress oder Beeinträchtigungen in sozialen oder anderen wichtigen Funktionsbereichen. • Die Störung lässt sich nicht besser durch die Symptome einer anderen psychischen Störung erklären • Die Störung ist nicht auf die direkten physiologischen Wirkungen einer Substanz (z. B. eines Medikaments) oder eines allgemeinen Gesundheitszustands zurückzuführen.

Chronische Frustration essenzieller Bedürfnisse und anhaltend hohe Erregungslagen durch dauerhafte Stressoren, Ängste oder Konfliktsituationen können dazu führen, dass das gezeigte Verhalten in der Frequenz, Dauer und Gleichförmigkeit zunimmt. Jedes repetitive Verhalten kann pathologisch werden, wenn die Dauer und Häufigkeit des Verhaltens grundlegende biologische Funktionen (z. B. Nahrungsaufnahme) beeinträchtigt, das Wohlbefinden des Hundes einschränkt (z. B. Schmerzen) oder körperliche Schäden (z. B. Entzündungen bei Automutilation) verursacht.

Um die Unterschiede zu verdeutlichen, können abnormale repetitive Verhaltensweisen in Stereotypien und Zwänge unterteilt werden, je nachdem, was wiederholt wird[175]. Stereotypien sind Wiederholungen bestimmter motorischer Muster ohne offensichtliches Ziel oder Funktion, während Zwänge Wiederholungen mit einem bestimmten, unangemessenen Ziel sind[176]. Nichtsdestotrotz sind sie meist schwer zu unterscheiden.

Repetitives Zwangsverhalten wird in folgende Kategorien eingeteilt: Fortbewegung (Kreiseln, Rutejagen, Verfolgen von Lichtreflexen, Einfrieren), orales Verhalten (Kauen an Läufen oder Körperregionen; Flankensaugen, Kauen oder Belecken von Gegenständen und Schnappen in die Luft (Fliegenschnappen); aggressives Verhalten (selbstgerichtete Aggression, Knurren oder Beißen in die Hinterläufe, die Rute oder andere Körperregionen; Vokalisierung (zwanghaftes rhythmisches Bellen oder Winseln) und halluzinatorisches Verhalten (Anstarren von Schatten und Verfolgen von Lichtreflexen).

Charakteristisch für repetitives Verhalten sind ein frühes Alter bei Krankheitsbeginn[177], in der Regel vor einem Jahr, unflexible Verhaltensweisen aufgrund einer Beeinträchtigung der Exekutivfunktionen[178, 179]; strukturelle Anomalien im Gehirn[180], erhöhte Cholesterinwerte im Blut[181]; ein Ungleichgewicht der serotonergen und dopaminergen Signalwege[182] sowie ähnliche pharmakologische und nicht-pharmakologische Behandlungsmöglichkeiten[183, 184]. Diese Faktoren sind zwischen Mensch und Hund vergleichbar.

175 Tynes, V.V., Sinn, L. Abnormal repetitive behaviors in dogs and cats. A guide for practitioners. *Vet. Clin. North Am. Small Anim. Pract.* 2014; 44:543 – 564.

176 Luescher, A.U. Diagnosis and management of compulsive disorders in dogs and cats. *Vet. Clin. North Am. Small Anim. Pract.* 2003; 33:253 – 267.

177 Overall, K.L., Dunham, A.E. Clinical features and outcome in dogs and cats with obsessive-compulsive disorder: 126 Cases (1989–2000) *J. Am. Vet. Med. Assoc.* 2002; 221:1445 – 1452.

178 Protopopova A., Hall N.J., Wynne C.D.L. Association between increased behavioral persistence and stereotypy in the pet dog. *Behav. Processes.* 2014; 106:77 – 81.

179 Snyder H.R., Kaiser R.H., Warren S.L., Heller W. Obsessive-compulsive disorder is associated with broad impairments in executive function: A meta-analysis. *Clin. Psychol. Sci.* 2015; 3:301 – 330.

180 Ogata N., et al. Brain structural abnormalities in Doberman pinschers with canine compulsive disorder. Prog. Neuro-Psychopharmacol. *Biol. Psychiatry.* 2013; 45:1 – 6.

181 Yalcin E., Ilcol Y.O., Batmaz H. Serum lipid concentrations in dogs with tail chasing. *J. Small Anim. Pract.* 2009; 50:133 – 135.

182 Brem S., Grünblatt E, Drechsler R., Riederer P., Walitza S. The neurobiological link between OCD and ADHD. *ADHD Atten. Deficit Hyperact. Disord.* 2014; 6:175 – 202.

183 Irimajiri M., et al. Randomized, controlled clinical trial of the efficacy of fluoxetine for treatment of compulsive disorders in dogs. *J. Am. Vet. Med. Assoc.* 2009 ;235:705 – 709.

184 Sulkama S., Salonen M., Mikkola S., Hakanen E., Puurunen J., Araujo C., Lohi H. Aggressiveness, ADHD-like behaviour, and environment influence repetitive behaviour in dogs. *Sci Rep.* 2022 Mar 24;12(1):3520. doi: 10.1038/s41598-022-07443-6. PMID: 35332179; PMCID: PMC8948230.

Exekutive Funktionen

Der Ausdruck Exekutive Funktionen (EF) ist ein Sammelbegriff aus der Neuropsychologie. Er bezeichnet die geistigen Funktionen, mit denen höhere Lebewesen ihr eigenes Verhalten unter Berücksichtigung der Umweltbedingungen steuern. Sie dienen dazu, das eigene Handeln möglichst optimal einer Situation anzupassen, um ein günstiges Verhaltensergebnis zu erzielen. Exekutive Funktionen sind Kontrollprozesse, die besonders dann eingesetzt werden, wenn automatisiertes Handeln zur Problemlösung nicht mehr ausreicht. Beispiele für solche Situationen wären etwa das Erlernen einer komplizierten neuen Fertigkeit oder das Durchbrechen verwurzelter Gewohnheiten. Zu den exekutiven Funktionen zählen unter anderem:

- *strategische Handlungsplanung zur Erreichung eines Ziels*
- *Einkalkulieren von Hindernissen auf dem Weg dahin*
- *Entscheidung von Prioritäten*
- *Selbstkontrolle (Impulskontrolle und Emotionsregulation)*
- *das Arbeitsgedächtnis*
- *bewusste Aufmerksamkeitssteuerung*
- *zielgerichtetes Beginnen, Koordinieren und Sequenzieren von Handlungen*
- *motorische Umsetzung, Beobachtung der Handlungsergebnisse und Selbstkorrektur*

Es handelt sich also um höhere mentale und kognitive Prozesse, die der Selbstregulation und zielgerichteten Handlungssteuerung des Individuums in seiner Umwelt dienen. Auch Selbstmotivation, die Willensbildung (Volition) und der Anstoß zum Beginnen einer Handlung (Initiative) werden den exekutiven Funktionen zugerechnet.

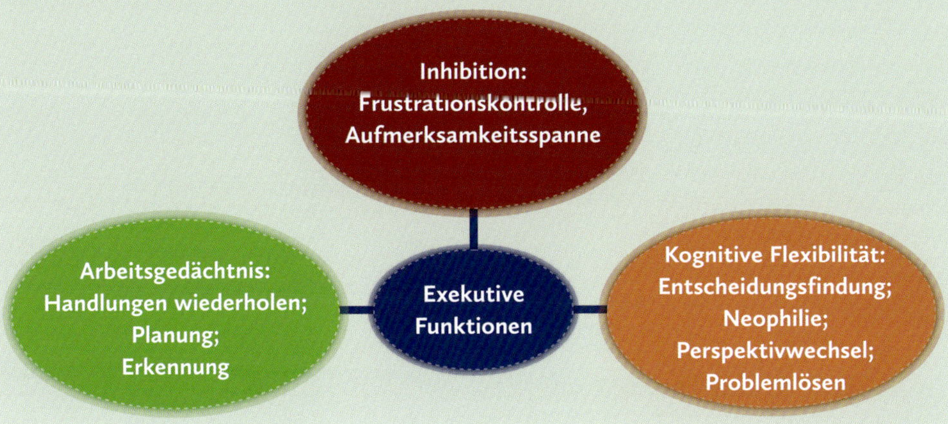

Repetitives Verhalten variiert in Schwere und Dauer und wird häufig durch Frustration, Langeweile oder Stress ausgelöst. Mit zunehmender Ausführung repetitiver Verhaltensweisen können diese auch auf viele Kontexte verallgemeinert werden und es wird schwieriger, sie zu unterbrechen, wodurch das repetitive Verhalten noch hartnäckiger wird. Letztlich kann schweres repetitives Verhalten die Lebensqualität und die Beziehung zwischen Hund und Halter erheblich verschlechtern.

Imaginäre Fliegen jagen

Obwohl die ersten Berichte über „Fliegenjagen" im Jahr 1962 erschienen[185], sind Hintergrund und die Häufigkeit des Auftretens noch relativ unerforscht. Hierbei zeigt der Hund ein Verhalten, als ob er eine echte Fliege jagen würde: er schnappt in die Luft, folgt der „Fliege" mit seinem Blick, ist ganz konzentriert, kann dies auch in verschiedenen Räumen zeigen, der „Fliege" also hinterherlaufen, aber das Verhalten kann auch stationär sein. Häufig sitzen die Hunde und beobachten dann über Minuten bis Stunden die „Fliege" und versuchen sie zu schnappen oder folgen ihr mit Blicken. Das Verhalten lässt sich schwer unterbrechen. Die Ursache dieses Verhaltens ist umstritten und wurde als epileptoide Störungen des visuellen Kortex oder als partielle Anfälle, als zwanghafte Störungen, halluzinatorisches Verhalten und/oder Stereotypie betitelt. Die Häufigkeit der Episoden reichen von 30 Mal pro Stunde bis einmal pro Woche und das Alter beim Auftreten lag zwischen 1 und 11 Jahren[186, 187, 188]. Der Cavalier King Charles Spaniel, der Zwergschnauzer und der Große Schweizer Sennenhund werden als prädisponiert für diese Krankheit benannt[189], aber auch viele andere Hunderassen wie der Dobermann, Airedale Terrier, Zwergpudel, Deutsch-Kurzhaar, Deutscher Schäferhund, Border Collie, Irish Setter und der English Setter werden vermehrt damit in Verbindung gebracht[190, 191, 192, 193, 194].

185 Mc Grath J. Jaw snapping dog (questions and answers). *Mod. Vet. Pract.* 1962; 43:70.
186 Brown, P.R. Fly catching in the Cavalier King Charles Spaniel. *Vet. Rec.* 1987; 120:95.
187 Rossmeisl, J.H., Higgins, M.A., Blodgett, D.J., Ellis, M., Jones, D.E. Amanita muscaria toxicosis in two dogs. *J. Vet. Emerg. Crit. Care* 2006; 16:208 – 14.
188 Thomas, W.B., Dewey, C.W. Seizures and narcolepsy. In: Dewey C, editor. *A practical guide to canine and feline neurology.* 2nd ed. Wiley-Blackwell; 2009. p. 237 – 40.
189 Rusbridge, C. Neurological diseases of the Cavalier King Charles Spaniel. *J. Small Anim. Pract.* 2005; 46:265 – 72.
190 Brown, P.R. Fly catching in the Cavalier King Charles Spaniel. *Vet. Rec.* 1987; 120:95.
191 Rossmeisl, J.H., Higgins, M.A., Blodgett, D.J., Ellis, M., Jones, D.E. Amanita muscaria toxicosis in two dogs. *J. Vet. Emerg. Crit. Care* 2006; 16:208 – 14.
192 Chrisman, C.L. Problems in small animal neurology. *Lea & Febiger;* 1991.
193 Luescher, A.U. Compulsive behaviour. In: Howritz DMD, editor. *BSAVA manual of canine and feline behavioural medicine.* 2nd ed. BSAVA; 2002. p. 229 – 36.
194 Wrzosek, M., Płonek, M., Nicpoń, J., Cizinauskas, S., Pakozdy, A. Retrospective multicenter evaluation of the 'fly-catching syndrome' in 24 dogs: EEG, BAER, MRI, CSF fndings and response to antiepileptic and antidepressant treatment. *Epilepsy Behav.* 53, 184 – 189 (2015).

In der Literatur werden Hunde mit zusätzlich einhergehenden Verhaltensstörungen beschrieben, wie z. B. Pfoten- und Bodenlecken, Trancing, Beißen von Familienmitgliedern ohne ersichtlichen Grund[195], sowie Flankensaugen[196].

195 Cash, W., Blauch, B. Jaw snapping syndrome in eight dogs. *J. Am. Vet. Med. Assoc.* 1979; 175:709 – 10.

196 Frank, D., Bélanger, M.C., Bécuwe-Bonnet, V., Parent, J. Prospective medical evaluation of 7 dogs presented with fly biting. *Can. Vet. J.* 2012; 53:1279 – 84.

Schattenjagen

In der Regel sind Hunde im Alter zwischen 6 und 36 Monaten betroffen, wenn sie das Schattenjagen beginnen, und die Auslöser scheinen Stress, Angst und genetische Veranlagung zu sein. In einer Fallstudie[197] zeigt eine fünf Monate junge Border Collie Hündin das sich immer wiederholende Verhalten, Schatten zu jagen (s. Video 3, Link S. 7). Sie hatte massiven Krallenabrieb und selbst zugefügten Nasenläsionen, die durch Springen und Beißen auf den Oberflächen verursacht wurden, auf die die Schatten projizierten. Außerdem bellte die Hündin während des Schattenjagens exzessiv, was auch die Lebensqualität des Besitzers beeinträchtigte. Da bei den klinischen und neurologischen Untersuchungen keine anderen Befunde vorlagen und das Verhalten als Reaktion auf Umweltreize (Vorhandensein von Schatten) auftrat, wurde die Diagnose einer zwanghaften Störung vom Tierarzt gestellt. Es wurde eine Behandlung mit Trazodon durchgeführt und eine Ovariohysterektomie, eine Betreuung mit einem professionellen Verhaltenstherapeuten und Trainer begonnen, sowie Umgebungsmodifikationen geschaffen. Nach vierzehn Tagen wurde eine diskrete Verbesserung der klinischen Symptome festgestellt, sodass die Behandlung um ein zweites Anxiolytikum[198], Clomipramin, ergänzt wurde. Ungefähr drei Monate nach Beginn der Therapie verbesserte sich das klinische Bild des Tieres, die Hündin war ruhiger und ignorierte an den meisten Tagen die Schatten.

Ganz wichtig in diesem Zusammenhang ist auch, dass Hunde niemals mit Laserpointer trainiert werden sollten, da sie schnell generalisieren und Licht- und Schattenreflexe jagen.

Schwanzjagen

Auch das Schwanzjagen ist ein klassisches zwanghaftes Verhalten bei Hunden. Eine Variante des Schwanzjagens ist das „Spinning“, bei dem sich der betroffene Hund schnell in engen Kreisen dreht, ohne sich offensichtlich für seine Rute zu interessieren. Das Schwanzjagen tritt oft in Schüben auf und kann Episoden umfassen, in denen der Hund eine Zeitlang ruhig auf seine Rute starrt, bevor er das Jagen wieder aufnimmt (s. Video 1, Link S. 7). Das Schwanzjagen scheint eine genetische Veranlagung zu haben, da es bei bestimmten Rassen wie Bullterriern[199], Deutschen

197 Rosado, I.R., Silva, J.G., Freita,s D.M., et al. 2019. Distúrbio compulsivo em cadela da raça Border Collie. *Acta Scientiae Veterinariae.* 47(Suppl 1): 452.

198 Anxiolytikum (Plural: Anxiolytika) bedeutet wörtlich Angst(auf)löser. Der Begriff bezeichnet Medikamente, die zur Anxiolyse eingesetzt werden, also zur Verminderung übermäßiger oder krankhafter Ängste. Quelle: https://de.wikipedia.org/wiki/Anxiolytikum

199 Dodman, N.H., Knowles, K., Shuster, L., MoonFanelli, A., Tidwell, A., et al. (1996). Behavioral changes associated with suspected complex partial seizures in Bullterriers. *J. Am. Vet. Med. Assoc.* 208: 688–091.

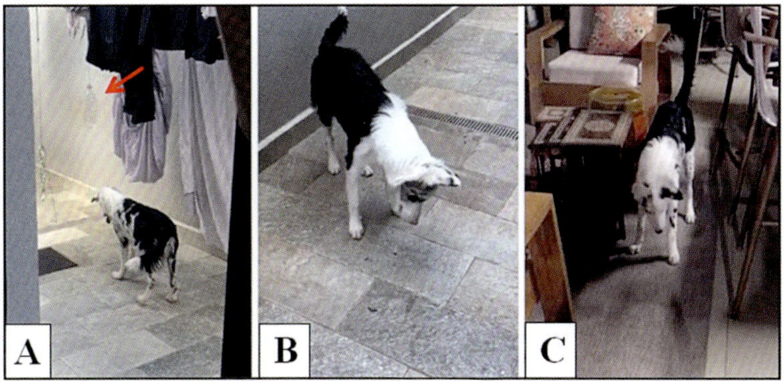

Border-Collie-Hündin, fünf Monate alt, wurde in der Veterinärklinik (HVU) von Uberaba (Brasilien) vorgestellt, weil sie Schattenjagdverhalten zeigte.
A: Hund zu Hause, starrt auf den Schatten, den die PET-Flasche auf dem Boden wirft (roter Pfeil).
B: Hund jagt tagsüber eigenen Schatten.
C: Hund jagt Schatten in der Nacht.

Mit freundlicher Genehmigung Rosado I.R., Silva J.G., Freitas D.M., et al. 2019. Distúrbio compulsivo em cadela da raça Border Collie. Acta Scientiae Veterinariae. 47(Suppl 1): 452.

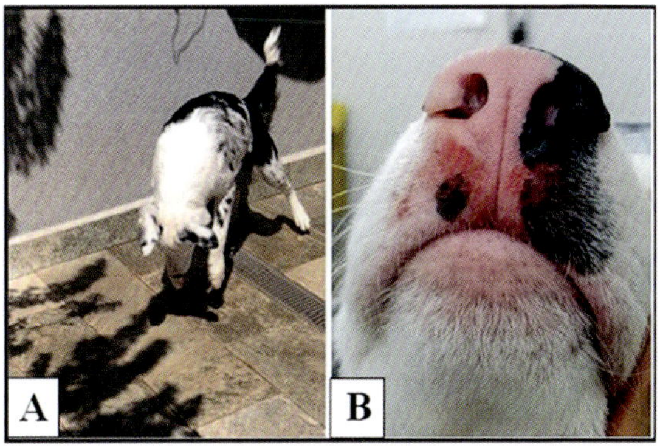

Border Collie Hündin, 5 Monate alt.
A: Hund in der eigenen Wohnung, intensiv auf dem Boden springend und Schatten jagend.
B: Läsionen an der der Oberlippe, verursacht durch das Beißen auf die Flächen, auf denen die Schatten projiziert wurden.

Mit freundlicher Genehmigung Rosado I.R., Silva J.G., Freitas D.M., et al. 2019. Distúrbio compulsivo em cadela da raça Border Collie. Acta Scientiae Veterinariae. 47(Suppl 1): 452.

(Siehe Video 3, Link auf S. 7)

Schäferhunden[200] und Staffordshire Bullterriern[201] ganz vermehrt vorkommt. Bei ein und demselben Hund können diese beiden Ausdrucksformen (langsam, konzentriert; schnell, unkonzentriert) austauschbar gezeigt werden. Das langsame, auf die Rute fokussierte Jagen geht oft einem schnellen, unfokussierten Spinning voraus. Die Hunde reagieren in diesem Zustand nicht auf die Ansprache ihres Halters, viele meiden die Aufmerksamkeit des Halters und einige werden aggressiv, wenn man versucht, sie zu unterbrechen. Hunde, die für Schwanzjagen bestraft werden, ziehen sich oft an einen Ort zurück, der weit vom Halter entfernt ist, um das Verhalten auszuführen. Das klassische Schwanzjagen, das häufig bidirektional ist, wird nicht durch organische Probleme wie einen Hirntumor, lokale Reizungen oder andere medizinische Probleme ausgelöst. Es ist auch kein typisches Verhalten, um Aufmerksamkeit zu erregen. Viele Hunde jagen ihrer Rute nach, wenn sie von ihren Haltern getrennt sind, und wenn sie dieses Verhalten zeigen, scheinen die Hunde von ihrer Umgebung distanziert zu sein und resistent gegen jede Form der Unterbrechung. So kann das Schwanzjagen durchaus als Strategie und Antwort auf erhöhten Stress oder Trennungsangst gesehen werden, welches sich unter Umständen nach einiger Zeit verselbstständigt, vielleicht auch, weil es selbstbelohnend ist.

Im fortgeschrittenen Stadium ist das Schwanzjagen eine schwächende und potenziell lebensbedrohliche Verhaltensstörung.

Das Schwanzjagen kommt bei einer Vielzahl von Rassen vor (am häufigsten bei Bullterriern, Staffordshire Bullterrier und Deutschen Schäferhunden[202]). Kastrierte Hunde scheinen weniger betroffen als intakte[203]. Die Störung wurde früher auf Opioid-vermittelte Stereotypien[204] oder ein epilepsiebedingtes neurologisches Syndrom zurückgeführt[205]. Die Hypothese des epilepsiebedingten neurologischen Syndroms legte einen vermuteten Zusammenhang zwischen Schwanzjagen und episodischen Anfällen, tranceartigem Verhalten, Hyperaktivität, Geräuschempfindlichkeit, Angstreaktionen und Phobien dar. Es wurde auch die Hypothese aufgestellt, dass dieses neurologische Syndrom einige Gemeinsamkeiten mit einer anderen Krankheit bei Bullterriern, der tödlichen Akrodermatitis hat[206]. Zusätzlich zu den dermatologischen

200 Luescher, A.U. (2003). Diagnosis and management of compulsive disorders in dogsand cats. *Vet. Clin. North Am. Small Anim. Pract.* 33: 253 – 267.

201 Burn, C.C. (2011). A vicious cycle: A cross-sectional study of canine tail-chasing and human responses to it, using a free video-sharing website. *PLoS One* 6: 1–9.

202 Blackshaw, J.K., Sutton, R.H., Boyhan, M.A. Tail chasing or circling behavior in dogs. *Canine Pract.* 1994;19(3):7 – 11.

203 Tiira, K., Hakosalo, O., Kareinen, L., Thomas, A., Hielm-Bjorkman, A., et al. (2012). Environmental Effects on Compulsive Tail Chasing in Dogs. *PLoS ONE* 7(7):e41684. doi:10.1371/journal.pone.0041684.

204 Brown, S.A., Crowell-Davis, S., Malcolm, T., et al. Naloxone-responsive compulsive tail chasing in a dog. *J. Am. Vet. Med. Assoc.* 1987;190:884 – 886.

205 Dodman, N.H., Knowles, K.E., Shuster, L., et al. Behavioral changes associated with suspected complex partial seizures in Bullterriers. *J. Am. Vet. Med. Assoc.* 1996; 208:688 – 691.

206 Uchida, Y., Moon-Fanelli , A.A., Dodman, N.H., et al. Serum concentrations of zinc and copper in Bullterriers with lethal acrodermatitis and tail-chasing behavior. *Am. J. Vet. Res.* 1997;58:808 – 810.

Problemen können Hunde mit Akrodermatitis Hydrozephalus[207] und charakteristische Verhaltensanzeichen aufweisen, wie Aggression und anhaltendes Starren. Studien[208, 209], in denen die klinischen Anzeichen, die Entwicklung und das Ansprechen auf eine pharmakologische Behandlung des Schwanzjagens bei Hunden untersucht wurden, deuten auf eine Ätiologie hin, die der menschlichen Zwangsstörung ähnelt.

Die tödliche Akrodermatitis ist gekennzeichnet durch Hautläsionen an den Pfoten und im Gesicht, die zu Entzündungen aufgrund sekundärer Infektionen neigen. Dies wird durch eine Immunschwäche aufgrund von IgA-Mangel noch gefördert. Die Hautläsionen führen zu einer Hyperkeratose, also zu übermäßig verstärkter Verhornung der Fußballen und zur Deformation der Nägel. Betroffene Hunde haben Probleme, auf unregelmäßigen Oberflächen zu gehen. Sie können aufgrund von Schmerzen in den Pfoten zum Teil gar nicht mehr laufen und bewegen sich dadurch kaum. Bis dato gibt es keine Heilung für Hyperkeratose. Zudem leiden betroffene Tiere unter Durchfall und Lungenentzündungen. Die Symptome zeigen sich in den ersten Lebenswochen. Betroffene Welpen gedeihen schlechter als ihre Wurfgeschwister und sterben meist im Laufe der ersten beiden Jahre.

Etwas über ein Drittel der Auslöser für das Schwanzjagen betreffen Situationen, die das Erregungsniveau des Hundes erhöhen oder in denen der Hund frustriert ist. Beispiele sind das Verlassen und die Rückkehr des Besitzers, Ankunft von Besuchern, Futter, die Anwesenheit anderer Hunde, aggressive Interaktionen mit anderen Hunden, die Befreiung aus der Hundebox oder ein Spaziergang. Neue, unvorhersehbare oder einschränkende Umgebungen waren laut Studie[210] bei ca. 20% der Hunde Auslöser. Diese Kategorie umfasste das Einsperren in die Hundebox, neue Orte, geschlossene Bereiche, Zimmerecken und die Rückkehr in den Innenbereich. Mangel an geistiger oder körperlicher Stimulation und unzureichende Interaktion mit dem Halter oder einem Artgenossen wurden als Auslöser für 15 % der Hunde genannt. Geräuschempfindlichkeit wurde von 10 % benannt. Laute Geräusche wie Staubsauger, Türklingeln, Sirenen, Rasenmäher und Autoalarmanlagen werden als Auslöser angeführt. Bei einigen Hunden reichte das Piepen der Mikrowelle, Regentropfen auf dem Dach oder das Summen eines Kühlschranks, um Schwanzjagen auszulösen.

207 Ein Hydrozephalus ist eine krankhafte Erweiterung der mit Liquor gefüllten Flüssigkeitsräume des Gehirns. Früher auch „Wasserkopf".

208 Dodman, N.H., Moon-Fanelli, A.A., Mertens, P.A. Veterinary models of OCD. In: Hollander E, Stein DJ, eds. *Obsessive-compulsive disorders: diagnosis, etiology, treatment.* New York: Marcel Dekker Inc, 1997;99 – 143.

209 Overall, K.L., Dunham, A.E. Clinical features and outcome in dogs and cats with obsessive-compulsive disorder: 126 cases (1989–2000). *J. Am. Vet. Med. Assoc.* 2002; 221:1445 – 1452.

210 Overall, K.L., Dunham, A.E. Clinical features and outcome in dogs and cats with obsessive-compulsive disorder: 126 cases (1989-2000). *J. Am. Vet. Med. Assoc.* 2002 Nov 15;221(10):1445 – 52. doi: 10.2460/javma.2002.221.1445. PMID: 12458615.

Physikalische Bedingungen, die mit dem Beginn und der fortgesetzten Auslösung des Schwanzjagens einhergingen, wurden bei ca. 10% der Hunde angeführt und umfassten den Östruszyklus, Durchfall, Blähungen, Hunger, Müdigkeit, und Allergien. Einige Halter berichteten, dass ihr Hund die Rute zu bestimmten Tageszeiten oder als Reaktion auf andere Situationen jagte. Ein Wechsel in der sozialen Gruppe des Hundes wurde bei 2 % der Hunde mit dem Schwanzjagen in Verbindung gebracht. Der Anblick bestimmter Objekte (z. B. eines Besens oder Tasche) löste bei 1 % der Hunde das Schwanzjagen aus.

Bei einigen Hunden begann das Schwanzjagdverhalten plötzlich und ohne erkennbaren Auslöser, während bei anderen Hunden das Auftreten mit der Einwirkung von psychologischen, physiologischen oder umweltbedingten Auslösern zusammenfiel, die als zunehmende Angst oder Erregung interpretiert wurden. Fast dreißig Prozent der Halter berichteten, dass das Verhalten so häufig und so lange auftrat, dass es die Funktionsfähigkeit des Hundes extrem stark beeinträchtigte und zur Minderung aller Lebensaspekte führte.

Fünfzehn von 42 Hunden einer Studie hatten Verletzungen an der Rute als direkte Folge des Schwanzjagens (und -beißens), von denen sieben aufgrund der Schwere der Verletzungen eine Amputation erhielten. Sechs Hunde erlitten Verletzungen an Kopf und Fußwurzel in Form von Abschürfungen und Schnittwunden, weil sie bei der Schwanzjagd gegen Wände und Möbel stießen. Zwei Besitzer berichteten, dass die Ballen und Nägel ihres Hundes aufgrund des exzessiven Schwanzjagens stark abgenutzt und oft verletzt waren. Acht Hunde, die nicht auf die Behandlung ansprachen, wurden wegen exzessiven Schwanzjagens eingeschläfert. Weitere acht Hunde wurden eingeschläfert, weil sie das Rutejagen in Verbindung mit Besitzer-gerichteter Aggression zeigten.

Hunde mit klinischem Schwanzjagdverhalten zeigten das Verhalten mehrfach täglich, unter Ausschluss anderer normaler Aktivitäten, und es machte zwischen 30 % und 80 % ihres täglichen Zeitbudgets aus. Die Hunde wirkten oft distanziert (dissoziiert) von ihrer Umwelt und reagierten nicht auf Ansprache. Sie zeigten Anzeichen von Angst oder Aggression, wenn sie zurückgehalten wurden. Wenn ein Halter in der Lage war, das Schwanzjagen zu unterbrechen, in der Regel durch physisches Festhalten oder Umlenken auf ein bevorzugtes Spielzeug oder einen Gegenstand, nahm der Hund das Schwanzjagen sofort wieder auf, sobald er losgelassen oder das Objekt entfernt wurde. Die Dauer der einzelnen Schwanzjagden variierte zwischen 60 Sekunden und > 2 Stunden. Halter berichteten, dass ihr Hund das Verhalten zeigte, anstatt mit ihnen oder Artgenossen zu interagieren. Die Hunde reagierten nicht auf Signale und konnten nicht trainiert werden, da sie eher ihre Rute jagten als an der Leine zu gehen oder zu spielen. Von einigen Hunden wurde berichtet, dass sie weiterhin ihren Schwanz jagten, während sie urinierten und defäkierten. Einige Hunde verstümmelten ihren Schwanz, erlitten Schwanzbrüche, hatten Gewichtsverlust (entweder, weil sie den Schwanz jagten, anstatt zu fressen oder die übermäßige körperliche Aktivität führte zu Gewichtsverlust), zeigten Anzeichen von Erschöpfung und hatten aufgescheuerte Fußballen, klare Indikatoren für den Schweregrad des Verhaltensproblems. Rüden zeigten eine erhöhte Anfälligkeit von bis zu 2:1 im Vergleich zu Hündinnen für das Verhalten und es gab eine Verbindung zwischen Schwanzjagen, episodischer Aggression und tranceartigem Verhalten[211]. Auch ein Zusammenhang zwischen zwanghaftem Schwanzjagen und phobischen Zuständen wird angenommen[212]. So zeigen Bullterrier mit Angststörungen auch Schwanzjageverhalten. Zudem ist das Schwanzjagen bei Bullterriern eng mit episodischer Aggression und tranceartigem Verhalten verbunden. In Bezug auf die Gruppe der klinischen Anzeichen und Erscheinungsformen des Schwanzjagens wird vermutet, dass dieses Syndrom bei Bullterriern Merkmale aufweist, die dem Autismus beim Menschen ähnlich sind. Autismus ist auch häufiger bei männlichen Individuen und ist mit explosiver Aggression, tranceartigem Starren und sich wiederholende Bewegungen sowie selbstverletzendem Verhalten verbunden[213]. Darüber hinaus ist Autismus durch Autonomie, gestörte soziale Interaktion und Besessenheit von Objekten definiert[214,215].

Zwänge sind typischerweise zeitkonsumierend und das Verhalten wird offenbar als Reaktion auf und zum Abbauen von Stress ausgelöst. Wenn ein Hund mit Zwangsstörung körperlich daran gehindert wird, die Handlung auszuführen resultiert dies in zunehmender Angst, Stress und Anspannung[216]. Das Schwanzjagen beginnt typischerweise im jungen Erwachsenenalter kurz vor oder kurz nach der Pubertät. Ein frühes Auftreten ist auch ein Merkmal von Zwangsstörungen und Autismus beim Menschen[217]. Bei der Zwangsstörung wurde ein familiäres Muster der Ausprägung beschrieben[218]. Außerdem gibt es einen Zusammenhang zwischen Schwanzjagen und verschiedenen Phobien, wie sie bei Zwangsneurosen auftreten. Abgesehen davon haben über 10 % von autistischen Kindern Geräuschphobien und Angststörungen.

211 Overall, K.L., Dunham, A.E. Clinical features and outcome in dogs and cats with obsessive-compulsive disorder: 126 cases (1989 – 2000). *J. Am. Vet. Med. Assoc.* 2002 Nov 15;221(10):1445 – 52. doi: 10.2460/javma.2002.221.1445. PMID: 12458615.

212 American Psychiatric Association. Diagnostic and statistical manual of mental disorders. 4th ed. Washington, DC: *American Psychiatric Association,* 1995.

213 Bodfish, J.W., Symons, F.J., Parker, D.E.., et al. Varieties of repetitive behavior in autism: comparisons to mental retardation. *J. Autism. Dev. Disord* 2000; 30:237 – 243.

214 Stone, J.L., Merriman, B., Cantor, R.M., et al. Evidence for sex-specific risk alleles in autism spectrum disorder. *Am. J. Hum. Genet.* 2004;75:1117 – 1123.

215 Kim, J.A., Szatmari, P., Bryson, S.E. … et al. The prevalence of anxiety and mood problems among children with autism and Asperger syndrome. *Autism* 2000;4:117 – 132

216 American Psychiatric Association. Diagnostic and statistical manual of mental disorders. 4th ed. Washington, DC: *American Psychiatric Association,* 1995.

217 Short, A.B., Schopler, E. Factors relating to age of onset in autism. *J. Autism. Dev. Disord* 1988;18:207 – 216

218 Dodman, N.H., Moon-Fanelli, A.A., Mertens, P.A. Veterinary models ofOCD. In: Hollander E, Stein DJ, eds. *Obsessive-compulsive disorders: diagnosis, etiology, treatment.* New York: Marcel Dekker Inc, 1997;99 – 143.

Auch Hunde mit schwanzjagendem Verhalten scheinen eine ängstliche Veranlagung zu haben und reagieren nachweislich auf die gleichen Arten von Medikamenten[219].

Sterilisierte Individuen, insbesondere Hündinnen, zeigten weniger häufig Schwanzjageverhalten im Vergleich zu intakten Hunden in einer Analyse aller Rassen[220]. Tatsächlich wurde vermutet, dass gonadale Steroide eine modulierende Rolle bei Tieren[221] und bei Zwängen beim Menschen[222] spielen, da prämenstruelle, schwangere und Postpartum Frauen ein erhöhtes Risiko für das Auftreten und die Verschlechterung der Zwangsstörung zeigen[223]. Kastration bei Hündinnen reduziert die Produktion von Progesteron und Östradiol, was eine kontrollierende Wirkung auf Zwänge haben könnte.

Auch Ernährungskomponenten scheinen eine Rolle zu spielen. Hunde, die Nahrungsergänzungsmittel erhielten – sie bekamen Vitamine und Mineralstoffe, insbesondere Vitamin B6 und C – zeigten weniger auffälliges Verhalten[224]. Ein Mangel an Vitamin B6 wurde bereits mit neuropsychiatrischen Erkrankungen wie Depressionen beim Menschen in Verbindung gebracht[225]. Außerdem können ein verminderter Serotoninspiegel und ein erhöhter Dopaminspiegel, die beide mit dem Vitamin B6 in Zusammenhang stehen, zu Zwangsstörungen führen[226]. Der Mindestbedarf an Vitamin B6 und Mg, den ein Hund über sein tägliches Futter erhalten sollte, liegt bei 0,04 bzw. 5,91 mg/kg Körpergewicht, erhöht auf 0,75[227] . Dies könnte jedoch nicht ausreichen, insbesondere wenn der Hund eine schlecht funktionierende Darmwand hat, einen hohen Stresspegel aufweist, aufgrund von Übergewicht zu kleine Futterrationen erhält, lange Antibiotika oder Östrogenmedikamente eingenommen hat oder andere Komponenten in der Nahrung hat, die die Nährstoffaufnahme behindern.

Frühe Lebenserfahrungen können für verschiedene Arten von Angst prädisponieren. Eine Studie fand heraus, dass Hunde mit zwanghaftem Verhalten früher von ihren Müttern getrennt wurden und von ihren Müttern eine schlechtere Betreuung

219 Hewson, C.J., Luescher, U.A., Parent, J.M, et al. Efficacy of clomipramine in the treatment of canine compulsive disorder. *J. Am. Vet. Med. Assoc.* 1998;213:1760 – 1766.

220 Tiira, K., Hakosalo, O., Kareinen, L., et al… (2012) Environmental Effects on Compulsive Tail Chasing in Dogs. *PLoS ONE* 7(7):e41684. doi:10.1371/journal.pone.0041684.

221 Flaisher-Grinberg, S., Albelda, N., Gitter, L., Weltman, K., Arad, M., et al. (2009)Ovarian hormones modulate 'compulsive ' lever-pressing in female rats. *Horm. Behav.* 55: 356 – 365.

222 Uguz, F.F., Gezginc, K., Zeytinci, I., Karatayli, S., Askin, R., et al. (2007) Course of obsessive-compulsive disorder during early postpartum period: A prospectiveanalysis of 16 cases. *Compr. Psychiatry* 48: 558 – 561.

223 Vulink, N., Denys, D., Bus, L., Westenberg, H. (2006). Female hormones affect symptom severity in obsessive-compulsive disorder. *Int. Clin. Psychopharmacol.* 21: 171 – 175.

224 Tiira. K., Hakosalo, O., Kareinen, L. … et al. (2012) Environmental Effects on Compulsive Tail Chasing in Dogs. *PLoS ONE* 7(7):e41684. doi:10.1371/journal.pone.0041684.

225 Skarupski, K., Tangney, C., Morris, M., … et al. (2010) Longitudinalassociation of vitamin B-6, folate, and vitamin B-12 with depressive symptomsamong older adults over time. *Am. J. Clin. Nutr.* 92: 330 – 335.

226 Kurup, R.K., Kurup, P.A. (2002) Hypothalamic digoxin defieciency in obsessive compulsive disorder and la tourette's syndrome. *Int. J. Neurosci.* 112: 797.

227 National Research Council (U.S.). Ad Hoc Committee on Dog and Cat Nutrition. (2006) *Nutrient requirements of dogs and cats.* Washington, D.C.:The National Academies Press. 398p.

erhielten (nach Einschätzung ihrer Besitzer/Züchter) im Vergleich zu den Kontrollhunden. Das Ergebnis steht im Einklang mit der Hypothese, dass eine frühe mütterliche Trennung das Risiko stereotyper Verhaltensweisen erhöht[228].

Studien deuten zudem auf einen starken genetischen Einfluss mit mehreren betroffenen Hunderassen über Generationen hinweg und sogar innerhalb mehrerer Würfe hin[229].Eine Studie berichtete über signifikant niedrigere 5-HT2A-Rezeptorbindungsindizes in frontalen und temporalen Kortices bei zwanghaften Hunden sowie abnorme Dopamin-Transporter-Verhältnisse im linken und rechten Striatum[230]. Cao und Kollegen schlugen vor, dass der Genbereich, der mit dem Flankensaugen (CDH2) bei Dobermännern zusammenhängt, auch mit dem Schwanzjagen beim Malinois in Verbindung steht.

Flankensaugen

Das Flankensaugen tritt in extremer Form und Häufigkeit bei Dobermännern auf[231]. Für das Flankensaugen wurde das Gen Cadherin 2 (CDH2) in einer genomweiten Studie zugeordnet[232]. Das betroffene Protein ist zudem an der Signalübertragung beteiligt ist. Cadherin wurden kürzlich mit Autismus-Spektrum-Störungen in Verbindung gebracht, zu denen repetitive und zwanghafte Verhaltensweisen gehören[233].

Untersuchte Stammbäume zeigten mehrere betroffene Individuen in vielen Würfen[234]. Eine Studie berichtet über niedrigere 5-HT2A-Rezeptor-Bindungen in denselben kortikalen Bereichen bei ängstlichen wie bei zwanghaften Hunden, was darauf hindeutet, dass diese Störungen möglicherweise miteinander zusammenhängen[235].

Flankensaugen ist gekennzeichnet durch wiederholtes und persistierendes Saugen der Flankenregion resultierend in Alopezie (Haarlosigkeit) bis hin zu offenen

228 Latham, N., Mason, G. (2008). Maternal deprivation and the development ofstereotypic behaviour. *Appl. Anim. Behav. Sci.* 110: 84 – 108.

229 Wójcik, A., Powierza, K. The Influence of Breed, Sex, Origin and Housing Conditions on Undesirable Behaviors in Ancient Dog Breeds. *Animals* 2021, 11, 1435. https://doi.org/10.3390/ ani11051435.

230 Vermeire, S., Audenaert, K., De Meester, R., … et al. (2012) Serotonin 2A receptor, serotonin transporter and dopamine transporter alterations in dogs with compulsive behaviour as a promising model for human obsessive-compulsive disorder. *Psychiat. Res-Neuroim.* 201: 78 – 87.

231 Moon-Fanelli, A.A., Dodman, N.H., Cottam, N. (2007). Blanket and flank sucking in Doberman Pinschers. *Journal of the American Veterinary Medical Association, 231*(6), 907 – 912.

232 Dodman, N., Karlsson, E., Moon-Fanelli, A.A., Galdzicka, M., Perloski, M., et al. (2010) A canine chromosome 7 locus confers compulsive disorder susceptibility. *Mol. Psychiatr.* 15: 8.

233 Wang, K., Zhang, H., Ma, D., Bucan, M., Glessner, J.T…, et al. (2009) Common genetic variants on 5p14.1 associate with autism spectrum disorders. *Nature* 459: 528 – 533.

234 Tiira, K., Hakosalo, O., Kareinen, L. … et al. (2012) Environmental Effects on Compulsive Tail Chasing in Dogs. *PLoS ONE* 7(7):e41684. doi:10.1371/journal.pone.0041684.

235 Vermeire, S., Audenaert, K., De Meester, R., Vandermeulen, E., Waelbers, T., et al. (2012) Serotonin 2A receptor, serotonin transporter and dopamine transporteralterations in dogs with compulsive behaviour as a promising model for human obsessive-compulsive disorder. *Psychiat. Res-Neuroim.* 201: 78 – 87.

Leckdermatomen und Hautläsionen[236]. In einer Studie lag das Durchschnittsalter für den Beginn des Saugens an einer Decke o. ä. bei 4,8 Monaten und für das Flankensaugen bei 8,5 Monaten.

Flankensaugen ähnelt ritualisierten Handlungen, die zu bestimmten Tageszeiten und in bestimmten Situationen auftreten. Bei den meisten Hunden tritt das Flankensaugen vor allem in Zeiten der Inaktivität auf. Andere Hunde zeigen Flankensaugen in Zeiten erhöhter Erregung oder Angst, was darauf hindeutet, dass das Verhalten zusätzlich als Bewältigungsstrategie dienen könnte. Wenn Halter versuchen, ihre Hunde am Verhalten zu hindern entwickeln diese vielfach Alternativverhalten – das kann potenziell selbstverletzendes Verhalten sein wie Pfotenlecken bis hin zur akralen Leckdermatitis. Es wird angenommen, dass das Flankensaugen eine starke genetische Komponente hat und besonders Rassen mit vergleichsweise ängstlichem oder unsicherem Temperament betrifft. Halter sollten Bestrafungen unbedingt vermeiden, die Stress und somit Saugverhalten nur verstärken können. Bei schwer betroffenen Hunden, bei denen die Gefahr der Selbstverletzung besteht, kann die Verabreichung von Medikamenten wie Serotonin-Wiederaufnahmehemmern zusätzlich zur Verhaltenstherapie erforderlich sein.

Trance-ähnliches Syndrom (Trance-like Syndrome TLS)

Das Tranceverhalten, das manchmal auch als „Ghost walking" bezeichnet wird, ist etwas beunruhigend, wenn es zum ersten Mal von einem Besitzer beobachtet wird. Der Hund bewegt sich dabei sehr verlangsamt und vorsichtig unter überhängendem Laub, Tischtüchern, Vorhängen usw. hindurch, sodass das, worunter er geht, ihn gerade noch berührt, oder in anderen Fällen erstarrt er und scheint „in Trance" zu sein. Das Verhalten wird oft bei Bullterriern beobachtet, inzwischen gibt es allerdings auch andere Rassen, bei denen Trancing auftritt, wie beispielsweise Whippets oder Galgos. Manche Menschen, die zum ersten Mal einen Hund in Trance sehen, denken, dass es sich um eine Art fokalen Anfall handelt. In einigen Fällen kann dies der Fall sein, wenn ein medizinisches Problem zugrunde liegt. Ein Hund, der einen Anfall hat, kann nicht durch das Rufen seines Namens oder ein einfaches Rückrufkommando aus diesem „gerissen" werden. Ein Hund, der sich in Trance befindet, wird jedoch, selbst wenn er sich in einer „tiefen" Trance befindet, zumindest eine Art von Reaktion auf einen Namensruf oder ein Rückrufkommando zeigen, und sei es nur eine Ohrenbewegung. Hunde, die in Trance sind, sind vor und nach der Tranceepisode völlig normal. Einige Besitzer von Trancehunden vermuten, dass ihr Hund dieses Verhalten auch physisch genießt.

236 Gnirs, K., Prelaud, P. Cutaneous manifestations of neurological diseases: review of neuro-pathophysiology and diseases causing pruritus. *Vet. Dermatol.* 2005; 16:137 – 146.

Es ist zu diskutieren, ob Trancing entweder eine Verhaltensstörung selbst oder die Vorstufe zu einer Zwangsstörung ist. Dies könnten durch die Tatsache bestärkt werden, dass Bullterrier, die sehr häufig Trancing-Verhalten zeigen, auch stark zu Zwangsstörungen neigen.

Bei einigen Hunden ist die Trance selbst ein zwanghaftes Verhalten und sie können auf bestimmte Verhaltensmaßnahmen ansprechen, wie z. B. verstärkte Aktivitäten zur Bereicherung wie Futterpuzzles, interaktives Spielzeug und mehr Bewegung.

Was ist, wenn Sie einen Hund haben, der bei Ihnen zu Hause Tranceverhalten zeigt, und Sie möchten einen weiteren Hund in Ihre Familie aufnehmen? Ist Trance etwas, das der zweite Hund lernen und übernehmen kann? Wir wissen immer noch sehr wenig darüber, warum Hunde in Trance geraten, aber einige Besitzer von Mehrhundehaushalten haben festgestellt, dass die neuen Hunde Tranceverhalten zeigen, nachdem sie den anderen Hund im Haushalt wiederholt bei diesem Verhalten beobachtet haben. Der neue Hund kann unter demselben Gegenstand in Trance geraten oder einem anderen. Es scheint, dass Hunde bestimmte Gegenstände präferieren, also entweder die Zimmerpflanze oder den Vorhang oder die Hecke. Grundsätzlich lässt sich sagen, dass Trancing dem Hund nicht schadet – es ist nicht selbstverletzend und scheint auch vom Zeitumfang nur wenige Minuten zu dauern. Von daher sollte man den Hund sein Ritual zu Ende führen zu lassen. Es gibt keinen Grund, mit Ihrem Hund zu schimpfen. Unter Umständen ist es sogar eine selbstgewählte Beruhigungsstrategie ihres Hundes (s. Video 4, Link S. 7).

Kanide Zwangsstörungen (Canine compulsive disorder – CCD) – eine Studie

Sulkama und Kollegen (2022)[237] untersuchten 4500 finnische Hunde auf diverse Zwangsstörungen. Beim Haushund treten spontane, sich wiederholende Verhaltensweisen in vielen Formen auf. Repetitive Verhaltensmuster wurden bei 16 % der untersuchten Haushunde beobachtet[238].

Sie fanden zudem einen Zusammenhang zwischen repetitivem Verhalten und den Verhaltensfaktoren Aggressivität, Hyperaktivität/Impulsivität und Unaufmerksamkeit. Sulkama und Kollegen zeigten, dass Hunde, die in Einpersonenhaushalten („Single") lebten, seltener repetitives Verhalten zeigten als Hunde aus größeren Familien (mehr als zwei Kinder oder mehr als zwei Erwachsene in der Familie). Bei Hunden,

237 Sulkama, S., Salonen, M., Mikkola, S., Hakanen, E., Puurunen, J., Araujo, C., Lohi, H. Aggressiveness, ADHD-like behaviour, and environment influence repetitive behaviour in dogs. *Sci. Rep.* 2022 Mar 24;12(1):3520. doi: 10.1038/s41598-022-07443-6. PMID: 35332179; PMCID: PMC8948230.

238 Salonen, M. *et al.* Prevalence, comorbidity, and breed differences in canine anxiety in 13,700 Finnish pet dogs. *Sci. Rep.* 10, 2962 (2020).

die sich täglich weniger als eine Stunde bewegen, war die Wahrscheinlichkeit repetitiven Verhaltens höher als bei Hunden, die täglich mindestens ein bis zwei Stunden spazieren gingen. Einzelhunde hatten eine höhere Wahrscheinlichkeit für repetitives Verhalten als Hunde, die mit Artgenossen zusammenlebten. Tiira und Kollegen[239] schlugen vor, dass Artgenossen im selben Haushalt Frustration und Langeweile, potenzielle Risikofaktoren für stereotypes Verhalten, verringern können.

Wenn der Hund der erste Hund des Besitzers war, war die Wahrscheinlichkeit repetitiven Verhaltens höher, als wenn dieser bereits Hundeerfahrung hatte. Viele Erstbesitzer erkannten das repetitive Verhalten nicht als solches, sondern hielten es für normales Hundeverhalten.

Sulkama und Kollegen stellten fest, dass bei 22 verschiedenen Rassen, die untersucht wurden, die höchste Wahrscheinlichkeit für repetitives Verhalten bei Deutschen Schäferhunden, Chinesischen Schopfhunden, Pembroke Welsh Corgis, Mittelspitz und Staffordshire Bullterriern zu beobachten war. Die Rassen mit der geringsten Wahrscheinlichkeit für repetitives Verhalten waren Smooth Collie, Zwergschnauzer, Lagotto Romagnolo, Jack Russell Terrier und Rough Collie. Der Deutsche Schäferhund und der Staffordshire Bullterrier wiesen im Vergleich zu den anderen Rassen die höchste Wahrscheinlichkeit für repetitives Verhalten auf.

Verschiedene Rassen neigen zu unterschiedlichen Zwängen. Border Collies weisen eine sehr hohe Prävalenz von zwanghaftem Fixieren und Fliegenschnappen auf. Bullterrier und Staffordshire Terrier neigen zu Schwanzjagen und Trancing, Dobermänner zu Flankensaugen usw.[240, 241, 242, 243]. Es ist möglich, dass mit den rassetypischen Merkmalen und funktionalen Zwecken der Hunderassen einige pathologische Verhaltensweisen bei bestimmten Rassen häufiger auftreten und/oder dominieren.

Das bedeutet, dass ein vormals gewünschtes und selektiertes Verhalten, wie beispielweise das Hüten beim Border Collie über Generationen hinweg so verstärkt wurde, dass nun viele Individuen zu zwanghaftem Fixieren und Schnappen von Schatten oder nicht-existenten Fliegen neigen. Ähnliches wird auch für andere Rassen postuliert: ein formal erwünschtes Verhalten ist über die Jahrzehnte der intensiven Zucht auf das Merkmal so verstärkt worden, dass es sich inzwischen mit pathologischen Zügen darstellt.

239 Tiira, K. et al. Environmental efects on compulsive tail chasing in dogs. *PLoS One* 7, e41684 (2012).
240 Moon-Fanelli, A.A., Dodman, N.H., Famula, T.R., Cottam, N. Characteristics of compulsive tail chasing and associated risk factors in Bullterriers. *J. Am. Vet. Med. Assoc.* 238, 883–889 (2011).
241 Dodman, N.H. et al. A canine chromosome 7 locus confers compulsive disorder susceptibility. *Mol. Psychiatry* 15, 8–10 (2010).
242 Tiira, K. et al. Environmental efects on compulsive tail chasing in dogs. *PLoS One* 7, e41684 (2012).
243 Cao, X. et al. Balancing selection on CDH2 may be related to the behavioral features of the Belgian malinois. *PLoS ONE* 9, e110075 (2014).

Rasse	Zwangshandlung
Bullterrier	Schwanzjagen, Spinning, Trancing, Erstarren
Malinois	Schwanzjagen
Dobermann	Flankensaugen
Deutscher Schäferhund	Spinning, Schwanzjagen, Halluzinationen
Deutsche Dogge; Deutsch-Kurzhaar	Selbstmutilation; Stereotypes Verhalten; Halluzinationen
Dalmatiner; Rottweiler	Halluzinationen
Border Collie	Schattenjagen, Fliegenjagen; Halluzinationen
Australian Cattle Dog	Schwanzjagen
Zwergschnauzer	Hinterteil kontrollieren
Shiba-Inu, Dackel	Schwanzjagen, Selbstmutilation[244]

Einige Verhaltensfaktoren werden mit repetitivem Verhalten in Verbindung gebracht. Hunde mit höheren Hyperaktivitäts-/Impulsivitätswerten und höheren Unaufmerksamkeitswerten weisen eine höhere Wahrscheinlichkeit für repetitives Verhalten auf. Auch wurde eine Verbindung zwischen Zwangsstörungen und ADHS festgestellt. Beide Erkrankungen sind durch eine gestörte Hemmungskontrolle und Defizite in den Exekutivfunktionen gekennzeichnet. Impulsive Aggression und Zwangsstörungen werden in Verbindung gebracht, und das Auftreten von Aggression ist sowohl bei zwanghaften als auch bei impulsiven Störungen häufig. Diese Verknüpfungen sind wahrscheinlich auf teilweise gemeinsame neurobiologische Regelkreise und Hirnstrukturen zurückzuführen, die bei diesen Erkrankungen eine Rolle spielen, und möglicherweise ähnliche genetische oder epigenetische Faktoren.

Ein Video-Fallbeispiel zum zwanghaften Lecken mit ausführlicher Analyse finden Sie auf der Videoseite zum Buch unter Video 5 (Link S. 7).

244 Sulkama, S. et al. ADHD-like behaviour, and environment influence repetitive behaviour in dogs. *Sci Rep.* 2022 Mar 24;12(1):3520. doi: 10.1038/s41598-022-07443-6. PMID: 35332179; PMCID: PMC8948230.

ADHS Aufmerksamkeitsdefizit-/ Hyperaktivitätsstörung

Aufmerksamkeitsdefizit-/Hyperaktivitätsstörung (ADHS) ist bei Hunden auch bekannt als Hyperkinese. ADHS ist durch eine Reihe von Symptomen gekennzeichnet, zu denen Unaufmerksamkeit, erhöhte motorische Aktivität und eine Tendenz zu aggressivem Verhalten oder Impulsivität gehören[245,246]. Die betroffenen Hunde zeigen häufig ein schlecht angepasstes Sozialverhalten.

Diagnosekriterien der Aufmerksamkeitsdefizit-/Hyperaktivitätsstörung (ADHS) nach der American Psychiatric Association (DSM-5)
Nach den Kriterien des DSM-5 ist eine Komorbidität der ADHS mit einer Autismusspektrumsstörung möglich.
Fünf oder mehr Symptome von Unaufmerksamkeit und/oder ≥5 Symptome von Hyperaktivität/Impulsivität müssen seit ≥6 Monaten in einem Ausmaß bestehen, das nicht mit dem Entwicklungsstand vereinbar ist und sich negativ auf soziale und lerntechnische Aktivitäten auswirkt
ADHS-Symptome der Unaufmerksamkeit: • Macht Flüchtigkeitsfehler/keine Aufmerksamkeit für Details • Schwierigkeiten, die Aufmerksamkeit aufrechtzuerhalten • Scheint nicht zuzuhören, wenn er direkt angesprochen wird • Befolgt Aufgaben und Anweisungen nicht richtig • Vermeidet/Abneigung gegen Aufgaben, die anhaltende geistige Anstrengung erfordern • Lässt sich leicht ablenken • ist bei Aktivitäten vergesslich **ADHS-Symptome der Hyperaktivität:** • motorische Unruhe • Verlässt den Sitz in Situationen, in denen ein Sitzenbleiben erwartet wird • Zeigt Gefühle der Unruhe • Hat Schwierigkeiten, sich auf ruhige, entspannende Aktivitäten einzulassen • Ist „auf dem Sprung" oder verhält sich wie „von einem Motor angetrieben" • Verbalisiert übermäßig viel • Ungeduldig, keine Frustrationstoleranz • Verminderte Sozialkompetenz

245 Saldana, L., Neuringer, A. Is instrumental variability abnormally high in children exhibiting ADHD and aggressive behavior? *Behav. Brain Res.* 1998; 94(1): 51 – 59. doi: 10.1016/S0166-4328 (97)00169-1.

246 Barzegary, L., Zamini, S.. The effect of play therapy on children with ADHD. *Procedia-Social and Behavioral Sciences.* 2011; 30: 2216 – 2218. doi: 10.1016/j.sbspro.2011.10.432.

Das Diagnostische und Statistische Handbuch Psychischer Störungen (DSM-5) unterscheidet drei Erscheinungsformen von ADHS, je nachdem, welches Symptommuster in den letzten sechs Monaten vorherrschte:

1) Kombinierte Merkmale, d. h. Vorhandensein der Kernmerkmale Hyperaktivität/Impulsivität und Unaufmerksamkeit;

2) überwiegend unaufmerksame Merkmale (≥6 Symptome der Unaufmerksamkeit, ≤6 Symptome der Hyperaktivität/Impulsivität) und

3) überwiegend hyperaktive/impulsive Merkmale (≥6 Symptome der Hyperaktivität/Impulsivität, ≤6 Symptome der Unaufmerksamkeit)[247].

ADHS-ähnliche Symptome bei Hunden

Aufmerksamkeitsdefizitsymptome
• Andere Dinge ziehen leicht die Aufmerksamkeit auf sich • Verliert leicht das Interesse • Hat Schwierigkeiten, sich zu konzentrieren • Leicht ablenkbar • Hört nicht zu, wenn jemand mit ihm/ihr spricht • Schwierigkeiten bei der Ausführung erlernter Aufgaben • Hyperaktivität-Impulsivität • Schwierigkeiten bei der Aufrechterhaltung des „Bleib" • Bellt sehr viel in hoher Erregung • Fiddles oder in ständiger Bewegung • Übermäßiges aktives Spielen/Herumlaufen • Reagiert überstürzt • Kann nicht warten • Schlafmangel am Tag und häufiges Aufwachen und Bewegen in der Nacht • Aggressives Verhalten

Modified version of the lists created by Bleuer-Elsner et al., Hoppe et al., Lit et al., and Vas et al.

247 Hoppe, N., Bininda-Emonds, O.R.P., Gansloßer, U. Correlates of attention deficit hyperactivity disorder (ADHD)-like behavior in domestic dogs: First results from a questionnaire-based study. *Vet. Med. Open. J.* 2017; 2(3): 95 – 131. doi: 10.17140/VMOJ-2-122.

Hunde können an ADHS-ähnlichen Verhaltensweisen leiden, aber es gibt nur wenige Studien zu diesem Thema. González-Martínez und Kollegen[248] untersuchten die Serotonin- und Dopaminwerte bei Hunden mit ADHS-ähnlichen Symptomen (im Vergleich zu Kontrollhunden). In der Studie wurden 36 der 58 Hunde (62 %) als ADHS-ähnlich eingestuft (mit Hyperaktivität, Impulsivität oder Aufmerksamkeitsdefizitsymptomen). Die Ergebnisse deuten darauf hin, dass Geschlecht, Kastrationsstatus und Alter wesentlich zur Prävalenz von ADHS-ähnlichen Symptomen beitragen. Die Häufigkeit von ADHS-ähnlichen Symptomen war bei Rüden, bei Tieren, die im Alter von weniger als zwei Monaten erworben, ergo von ihrer Mutter getrennt wurden, und bei Tieren, deren Besitzer zuvor keine Hunde hatten, erhöht. Intakte Hunde waren signifikant anfälliger für ADHS-ähnliche Verhaltensweisen als kastrierte Hunde.

ADHS besitzt eine komplexe Pathophysiologie, an der viele Neurotransmitter beteiligt sind, so auch Serotonin und Dopamin. Ergebnisse deuten darauf hin, dass beide Neurotransmitter bei Hunden, die Verhaltensanzeichen von ADHS-ähnlichen Störungen aufweisen, in erniedrigten Konzentrationen vorliegen. Überdies beeinflussen die Serotonin- und Dopaminwerte Aggression, Hyperaktivität und Impulsivität. Erniedrigte Serotoninkonzentrationen stehen zudem in Verbindung mit Angst, unsicherer Bindung und Berührungsempfindlichkeit bei Hunden[249].

Neuroimaging-Studien zeigen strukturelle Veränderungen in verschiedenen Hirnregionen bei Kindern mit ADHS. Der Umfang von Akkumbens, Amygdala, Caudat, Hippocampus, Putamen und der intrakraniellen Region waren bei Personen mit ADHS aufgrund einer Verzögerung der Reifung verringert. Diese Daten bestätigen, dass Patienten mit ADHS Veränderungen in Gehirnregionen aufweisen[250]. Auch Hunde mit ADHS-ähnlichen Verhaltensweisen zeigen ein hohes Maß an Hyperaktivität/Impulsivität und Aufmerksamkeitsdefiziten[251,252]. GABA, Glutamat, Histamin, Serotonin und Dopamin sind in unterschiedlicher Weise an ADHS beteiligt. ADHS wird mit einer Dopamin-Dysfunktion in den mesokortikalen, mesolimbischen[253] und nigrostriatalen Bahnen[254] in Verbindung gebracht. Es wird angenommen, dass Störungen

248 González-Martínez, Á.;Muñiz de Miguel, S.; Graña, N.;Costas, X.; Diéguez, F.J. Serotonin and Dopamine Blood Levels in ADHD-Like Dogs. *Animals* 2023, 13, 1037. https://doi.org/10.3390/ani13061037

249 González-Martínez, Á.;Muñiz de Miguel, S.; Graña, N.;Costas, X.; Diéguez, F.J. Serotonin and Dopamine Blood Levels in ADHD-Like Dogs. *Animals* 2023, 13, 1037. https://doi.org/10.3390/ani13061037

250 Hoogman, M.; Bralten, J.; Hibar, D.P.; Mennes, M.; Zwiers, M.P.; Schweren, L.S.J.; van Hulzen, K.J.E.; Medland, S.E.; Shumskaya, E.; Jahanshad, N.; et al. Subcortical Brain Volume Differences in Participants with Attention Deficit Hyperactivity Disorder in Children and Adults: A Cross-Sectional Mega-Analysis. *Lancet Psychiatry* 2017, 4, 310 – 319.

251 Lit, L.; Schweitzer, J.B.; Iosif, A.M.; Oberbauer, A.M. Owner Reports of Attention, Activity, and Impulsivity in Dogs: A Replication Study. Behav. *Brain Funct.* 2010, 6, 1.

252 Piotti, P.; Satchell, L.P.; Lockhart, T.S. Impulsivity and Behaviour Problems in Dogs: A Reinforcement Sensitivity Theory Perspective. *Behav. Process.* 2018, 151, 104 – 110.

253 Sonuga-Barke, E.J.S. Causal Models of Attention-Deficit/Hyperactivity Disorder: From Common Simple Deficits to Multiple Developmental Pathways. *Biol. Psychiatry* 2005, 57, 1231 – 1238.

254 Del Campo, N.; Chamberlain, S.R.; Sahakian, B.J.; Robbins, T.W. The Roles of Dopamine and Noradrenaline in the Pathophysiology and Treatment of Attention-Deficit/Hyperactivity Disorder. *Biol. Psychiatry* 2011, 69, e145 – e157.

im mesokortikalen Dopaminweg zu kognitiven Defiziten beitragen. Defekte der mesolimbischen Bahnen führen vermutlich zu Motivationsdefiziten und der dopaminerge nigrostriatale Signalweg spielt eine entscheidende Rolle bei der Kognition sowie der willentlichen Bewegungskontrolle[255].

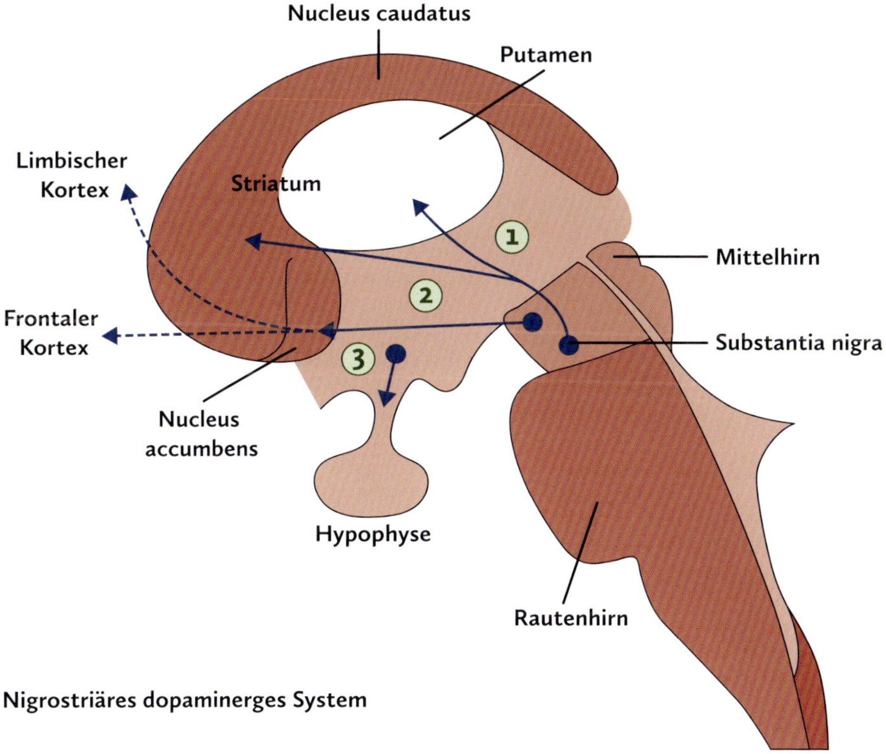

(1) Nigrostriäres dopaminerges System

(2) Mesolimbisches dopaminerges System

(3) Tubero-infundibuläres dopaminerges System

255 Mogavero, F.; Jager, A.; Glennon, J.C. Clock Genes, ADHD and Aggression. *Neurosci. Biobehav. Rev.* 2018, 91, 51 – 68.

Das Belohnungssystem

Methylphenidat, ein stimulierendes Medikament, hemmt die präsynaptische Aufnahme von Dopamin. Etwa 70 % der betroffenen Personen sprechen positiv auf diese Behandlung an[256] wie auch ADHS-ähnliche Hunde[257, 258]. Dopamin spielt bei ADHS eine wichtige Rolle. Einige Gene des dopaminergen Neurotransmittersystems wurden mit Aktivität, Impulsivität und Aufmerksamkeitsdefiziten bei Hunden in Verbindung gebracht[259, 260]. Hunde mit hohen Aktivitätswerten haben einen niedrigeren Dopaminspiegel.

30 % der Betroffenen sprechen jedoch nicht auf die Behandlung mit Methylphenidat oder Amphetaminen an[261]. Studien weisen auf eine Wechselwirkung zwischen Serotonin und dopaminerger Neurotransmission hin. Serotonin spielt eine Rolle bei der Stimmungsregulierung, der Essenskontrolle, des Schlafs, der Erregung und der Schmerzregulation[262] und reguliert die Dopaminübertragung[263].

Folglich scheint es plausibel, dass auch eine Serotoninstörung zu ADHS-assoziierten Verhaltens- und kognitiven Beeinträchtigungen beitragen könnte, und zwar über ihre Wirkung auf das Dopamin. Verschiedene Genpolymorphismen[264], die die Expression von Serotonintransportern und Serotoninrezeptoren beeinflussen, erhöhen nachweislich die Anfälligkeit für ADHS[265].

256 Müller Smith, K.; Daly, M.; Fischer, M.; Yiannoutsos, C.T.; Bauer, L.; Barkley, R.; Navia, B.A. Association of the Dopamine Beta Hydroxylase Gene with Attention Deficit Hyperactivity Disorder: Genetic Analysis of the Milwaukee Longitudinal Study. *Am. J. Med. Genet. Part B Neuropsychiatr. Genet.* 2003, 119, 77 – 85.

257 Luescher, U.A. Hyperkinesis in Dogs: Six Case Reports. *Can. Vet. J.* 1993, 34, 368 – 370.

258 Piturru, P. Methylphenidate Use in Dogs with Attention Deficit Hyperactivity Disorder (ADHD). A Case Report of a Weimaraner Bitch. *Tierarztl. Prax. Ausgabe K Kleintiere-Heimtiere* 2014, 42, 111 – 116.

259 Hejjas, K.; Vas, J.; Kubinyi, E.; Sasvari-Szekely, M.; Miklosi, A.; Ronai, Z. Novel Repeat Polymorphisms of the Dopaminergic Neurotransmitter Genes among Dogs and Wolves. *Mamm. Genome* 2007, 18, 871 – 879.

260 Hejjas, K.; Kubinyi, E.; Ronai, Z.; Szekely, A.; Vas, J.; Miklósi, Á.; Sasvari-Szekely, M.; Kereszturi, E. Molecular and Behavioral Analysis of the Intron 2 Repeat Polymorphism in the Canine Dopamine D4 Receptor Gene. *Genes Brain Behav.* 2009, 8, 330 – 336.

261 Bolaños, C.A.; Willey, M.D.; Maffeo, M.L.; Powers, K.D.; Kinka, D.W.; Grausam, K.B.; Henderson, R.P. Antidepressant Treatment Can Normalize Adult Behavioral Deficits Induced by Early-Life Exposure to Methylphenidate. *Biol. Psychiatry* 2008, 63, 309 – 316.

262 Neil, R.; Carlson, B. *Physiology of Behavior,* 13th ed.; Pearson Education: Essex, UK, 2022.

263 Quist, J.F.; Barr, C.L.; Schachar, R.; Roberts, W.; Malone, M.; Tannock, R.; Basile, V.S.; Beitchman, J.; Kennedy, J.L. The Serotonin 5-HT1B Receptor Gene and Attention Deficit Hyperactivity Disorder. *Mol. Psychiatry* 2003, 8, 98 – 102.

264 Als Polymorphismus (griechisch πολυμορφισμός Polymorphismos ‚Vielgestaltigkeit') bezeichnet man im Bereich Genetik das Auftreten mehrerer Genvarianten innerhalb einer Population. Genetische Variationen.

265 Mogavero, F.; Jager, A.; Glennon, J.C. Clock Genes, ADHD and Aggression. *Neurosci. Biobehav. Rev.* 2018, 91, 51 – 68.

Bei Hunden wurde Fluoxetin, ein selektiver Serotonin-Wiederaufnahmehemmer, zur Behandlung ADHS-ähnlicher Verhaltensweisen eingesetzt[266,267] und seine klinische Wirksamkeit könnte mit der Serotoninwirkung auf Impulsivität und Hyperaktivität sowie mit dem engen Zusammenspiel zwischen Serotonin und dopaminerger Neurotransmission zusammenhängen[268]. Tatsächlich kann ein chronischer Mangel an verfügbarem Serotonin zu den klinischen Symptomen von ADHS beitragen[269]. Interessanterweise wurden bei Hunden mit höherer Impulsivität niedrigere Serotonin- und Dopaminwerte im Urin festgestellt[270], und aggressive oder impulsive Hunde zeigten niedrigere Serotoninblutwerte[271,272]. Die Serotoninkonzentration steht zudem im Zusammenhang mit der Bindung (höhere Werte bei niedrigeren Konzentrationen). ADHS wird häufig mit Aggression[273], Angst und Phobien[274] in Verbindung gebracht, und ADHS-Hunde zeigen Begleiterkrankungen wie zwanghaftes Verhalten, Aggressivität und Ängstlichkeit. Serotonin vermittelt wahrscheinlich dieses Verhalten bei ADHS-Hunden.

Die Serotonin- und Dopaminwerte waren bei Hunden mit Verdacht auf ADHS signifikant niedriger[275] und dieser Befund kann einen Beitrag zur Diagnostik und Behandlung dieser Störung bei Hunden leisten.

266 Bleuer-Elsner, S.; Muller, G.; Beata, C.; Zamansky, A.; Marlois, N. Effect of Fluoxetine at a Dosage of 2 – 4 Mg/Kg Daily in Dogs Exhibiting Hypersensitivity-Hyperactivity Syndrome, a Retrospective Study. *J. Vet. Behav.* 2021, 44, 25 – 31.

267 Masson, S.; Gaultier, E. Retrospective Study on Hypersensitivity-Hyperactivity Syndrome in Dogs: Long-Term Outcome of High Dose Fluoxetine Treatment and Proposal of a Clinical Score. *Dog Behav.* 2018, 4, 15 – 32.

268 Banerjee, E.; Nandagopal, K. Does Serotonin Deficit Mediate Susceptibility to ADHD? *Neurochem. Int.* 2015, 82, 52 – 68.

269 Lombroso, P.J.; Quist, J.F.; Kennedy, J.L. Genetics of Childhood Disorders: XXIII. ADHD, Part 7: The Serotonin System. *J. Am. Acad. Child Adolesc. Psychiatry* 2001, 40, 253 – 256.

270 Wright, H.F.; Mills, D.S.; Pollux, P.M.J. Behavioural and Physiological Correlates of Impulsivity in the Domestic Dog *(Canis familiaris). Physiol. Behav.* 2012, 105, 676 – 682.

271 Rosado, B.; García-Belenguer, S.; León, M.; Chacón, G.; Villegas, A.; Palacio, J. Blood Concentrations of Serotonin, Cortisol and Dehydroepiandrosterone in Aggressive Dogs. *Appl. Anim. Behav. Sci.* 2010, 123, 124 – 130.

272 Amat, M.; Le Brech, S.; Camps, T.; Torrente, C.; Mariotti, V.M.; Ruiz, J.L.; Manteca, X. Differences in Serotonin Serum Concentration between Aggressive English Cocker Spaniels and Aggressive Dogs of Other Breeds. *J. Vet. Behav. Clin. Appl. Res.* 2013, 8, 19 – 25.

273 Mogavero, F.; Jager, A.; Glennon, J.C. Clock Genes, ADHD and Aggression. *Neurosci. Biobehav. Rev.* 2018, 91, 51 – 68.

274 Mikkola, S.; Salonen, M.; Puurunen, J.; Hakanen, E.; Sulkama, S.; Araujo, C.; Lohi, H. Aggressive Behaviour Is Affected by Demographic, Environmental and Behavioural Factors in Purebred Dogs. *Sci. Rep.* 2021, 11, 9433.

275 González-Martínez, Á.; Muñiz de Miguel, S.; Graña, N.; Costas, X.; Diéguez, F.J. Serotonin and Dopamine Blood Levels in ADHD-Like Dogs. *Animals* 2023, 13, 1037. https://doi.org/10.3390/ani13061037

Beispiel einer Diagnose

Italienisches Windspiel Pablo, 4 Jahre alt.
Zeigt fünf oder mehr Symptome von Unaufmerksamkeit und/oder ≥5 Symptome von Hyperaktivität/Impulsivität seit über 6 Monaten in einem Ausmaß, das nicht mit dem Entwicklungsstand vereinbar ist und sich negativ auf soziale und lerntechnische Aktivitäten auswirkt: **ADHS-Symptome der Unaufmerksamkeit:** • Schwierigkeiten, die Aufmerksamkeit aufrechtzuerhalten • Scheint nicht zuzuhören, wenn er direkt angesprochen wird • Befolgt Aufgaben und Anweisungen nicht richtig • Lässt sich leicht ablenken
ADHS-Symptome der Hyperaktivität: • motorische Unruhe • verlässt den Sitz in Situationen, in denen ein Sitzenbleiben erwartet wird • Zeigt Gefühle der Unruhe, Fiddles oder in ständiger Bewegung • Schlafmangel am Tag und häufiges Aufwachen und Bewegen in der Nacht • Hat Schwierigkeiten, sich auf ruhige, entspannende Aktivitäten einzulassen • Ist „auf dem Sprung" oder verhält sich wie „von einem Motor angetrieben". • Verbalisiert übermäßig viel – bellt sehr viel in hoher Erregung • Reagiert überstürzt – hat deswegen häufig „Unfälle" – läuft in andere Hunde oder Gegenstände, rutscht ab, stürzt (siehe auch gebrochener Vorderlauf) • Ungeduldig, keine Frustrationstoleranz • Verminderte Sozialkompetenz (körperlich, übergriffig, distanzlos) • Übermäßiges aktives Spielen/Herumlaufen • Kann nicht warten **Zudem:** Die Häufigkeit von ADHS-ähnlichen Symptomen war bei Rüden, bei Tieren, die im Alter von weniger als zwei Monaten erworben, ergo von ihrer Mutter getrennt wurden, und bei Tieren, deren Besitzer zuvor keine Hunde hatten, erhöht. Intakte Hunde waren signifikant anfälliger für ADHS-ähnliche Verhaltensweisen als kastrierte Hunde!

(Siehe Video 6, Link auf S. 7)

Genetik

Was die Erforschung von ADHS-ähnlichem Verhalten bei Hunden angeht, so weisen Studien auf eine genetische Grundlage für diese Krankheit hin[276, 277]. In diesem Zusammenhang wurden Unterschiede zwischen den Rassen hinsichtlich des Auftretens bestimmter Allele, die mit ADHS-ähnlichem Verhalten in Verbindung gebracht werden, gezeigt[278], die auch zu Unterschieden auf der Verhaltensebene führen[279, 280].

So werden beispielsweise erhöhte Aktivitäts-/Impulsivitätswerte bei Deutschen Schäferhunden mit einem Allel des Tyrosinhydroxylase-Gens TH in Verbindung gebracht[281]. Unaufmerksames Verhalten beim Malinois soll auf einem Polymorphismus des Dopamin-Beta-Hydroxylase-Gens DPH oder des Dopamin-Transporter-Gens DAT22 beruhen. Das Verhalten könnte allerdings auch durch Varianten des Oxytocin-Rezeptor-Gens oder von Genen des Opioidsystems im Gehirn beeinflusst werden, zusätzlich zu epigenetischen Effekten, die mit auf den Menschen ausgerichteten Verhaltensmustern in Verbindung zu stehen scheinen[282, 283]. Wir wissen schon seit längerer Zeit, dass bestimmte Rassen anfälliger für die Entwicklung von Ängsten sind[284], was zu ADHS-ähnlichem Verhalten führen kann, also zum Beispiel, weil der Hund unaufmerksames Verhalten aufgrund von erhöhter Angst zeigt. Darüber hinaus wurde ein Polymorphismus[285] des Dopaminrezeptor-Gens DRD4 mit aggressivem oder unaufmerksamem Verhalten bei Hunden sowie allgemeiner Nervosität bei verschiedenen Hunderassen aufgezeigt[286, 287].

276 z. B. Faraone, S.V., Perlis, R.H., Doyle, A.E…, et al. Molecular genetics of attention-deficit/hyperactivity disorder. *Biol. Psychiatry.* 2005; 57: 1313 – 1323.

277 Burt, S.A. Rethinking Environmental Contributions to Child and Adolescent Psychopathology: Eine Meta-Analyse der gemeinsamen Umwelteinflüsse. *Psychological Bulletin.* 2009; 135: 608 – 637. doi: 10.1016/j.biopsych.2004.11.024.

278 Ito, H., Inoue-Murayama, M., Shimada, M. et al. Allele frequency distribution of the canine dopamine receptor D4 gene exon III and I in 23 breeds. *J. Vet. Med. Sci.* 2004; 66(7): 815 – 820. doi: 10.1292/jvms.66.815.

279 Svartberg, K. Breed-typical behavior in dogs – Historical remnants or recent constructs? *Appl. Anim. Behav. Sci.* 2006; 96(3): 293 – 313. doi: 10.1016/j.applanim.2005.06.014.

280 Ito, H., Inoue-Murayama, M., Shimada, M. et al. Allele frequency distribution of the canine dopamine receptor D4 gene exon III and I in 23 breeds. *J. Vet. Med. Sci.* 2004; 66(7): 815 – 820. doi: 10.1292/jvms.66.815.

281 Kubinyi, E., Vas, J., Hejjas, K., et al. Polymorphism in the tyrosine hydroxylase (TH) gene is associated with activityimpulsivity in German Shepherd Dogs. *PLoS One.* 2012; 7(1): e30271. doi: 0.1371/journal.pone.0030271.

282 Knowles, P.A., Conner, R.L., Panksepp, J. Opiate effects on social behavior of juvenile dogs as a function of social deprivation. *Pharmacology Biochemistry and Behavior.* 1989; 33(3): 533 – 553. doi: 10.1016/0091-3057(89)90382-1.

283 Kis, A., Bence, M., Lakatos, G., et al. Oxytocin receptor gene polymorphisms are associated with human directed social behavior in dogs *(Canis familiaris). PLoS One.* 2014; 9(1): e83993. doi: 10.1371/journal.pone.0083993.

284 Mahut, H. Breed differences in the dog's emotional behavior. *Can. J. Psychol.* 1958; 12: 35 – 44. doi: 10.1037/h0083722.

285 In der Biologie bedeutet Polymorphismus, dass eine Population einer Art verschiedene Merkmale wie Größe, Farbe oder Verhalten aufweist, die genetisch oder umweltbedingt sein können.

286 Hejjas, K., Vas, J., Topál, J., et al. Association of polymorphisms in the dopamine D4 receptor gene and the activity-impulsivity endophenotype in dogs. *Animal Genetics.* 2007; 38(6): 629 – 633. doi: 10.1111/j.1365-2052.2007.01657.x.

287 Ito, H., Inoue-Murayama, M., Shimada, M. et al. Allele frequency distribution of the canine dopamine receptor D4 gene exon III and I in 23 breeds. *J. Vet. Med. Sci.* 2004; 66(7): 815 – 820. doi: 10.1292/jvms.66.815.

Soziale und physische Faktoren

Neben genetischen Faktoren spielen auch soziale und physische Faktoren eine zentrale Rolle für die Entstehung von ADHS-ähnlichem Verhalten bei Hunden. Soziales Spiel hilft jungen Hunden, ihre geistigen und Verhaltensfunktionen zu verbessern[288]. Fehlt es, kann von einer erhöhten Anfälligkeit für ADHS ausgegangen werden[289]. Hense[290] beschreibt andere Faktoren, die in engem Zusammenhang mit der Hyperaktivität bei Hunden stehen, hier besonders die Aufzuchtbedingungen, die Behandlung durch und Beziehung zum Halter und das Vorhandensein von vielen oder sehr ausgeprägten Stressoren. Insbesondere soziale Faktoren wie die Dauer des liebevollen Verhaltens nach der Aufnahme des Hundes, die Anzahl der sozialen Kontakte, die tägliche Trennungsdauer zwischen Halter und Hund und Hunde, die nachts alleine – insbesondere in der Box – schliefen, korrelierten signifikant mit einer Zunahme der ADHS-assoziierten Symptome. Diese Symptome stehen in engem Zusammenhang mit der Synthese von Rezeptoren, die an der Entwicklung des emotionalen Systems des Hundes vor dem Einsetzen der Geschlechtsreife beteiligt sind[291]. Hunde, die ein gut entwickeltes Rezeptorsystem besitzen, neigen dazu, schneller als andere ein Gefühl der sozialen Sicherheit zu erlangen.

Faktoren aus dem sozialen Umfeld können langanhaltende Gehirn- und Verhaltensänderungen hervorrufen. Darüber hinaus betont die vorhandene Literatur die möglichen Stressauswirkungen auf Hunde, die aus Einschränkungen in ihrem sozialen (oder räumlichen) Umfeld resultieren[292]. In diesem Zusammenhang wird die negative Verbindung zwischen sozialen Faktoren und Unaufmerksamkeitswerten verständlich. So können längere Phasen liebevollen Verhaltens gegenüber einem Hund in diesem hohe Mengen an Oxytocin freisetzen, welches ein wichtiger Regulator sozialer Dynamik ist[293, 294]. Es beeinflusst nicht nur das sich entwickelnde Gehirn, sondern spielt auch eine Rolle bei der Mensch-Hund-Bindung, der Unterstützung der Regulierung negativer emotionaler Zustände und bei der Steigerung der Motivation für den Aufbau und die Ermöglichung neuer sozialer Interaktionen[295]. Oxytocin ist jedoch nur eine solche Verbindung; es ist zu beachten, dass neben Oxytocin noch viele andere

288 Panksepp, J. Play, ADHD, and the construction of the social brain: Should the first class each day be recess? *American Journal of Play.* 2008; 1(1): 55 – 79.

289 Panksepp, J. Affective Neuroscience: *The Foundations of Human and Animal Emotions.* New York, USA: Oxford University Press; 1998.

290 Hense, M. *Der hyperaktive Hund* [In German]. 1st ed. Bernau, Germany: Animal learn Verlag; 2010.

291 Hense, M. *Der hyperaktive Hund* [In German]. 1st ed. Bernau, Germany: Animal learn Verlag; 2010.

292 Beerda, B., Schilder, M.B., Van Hooff, J.A., de Vries, H.W., Mol, J.A. Chronic stress in dogs subjected to social and spatial restriction. I. Behavioral responses. *Physiol. Behav.* 1999; 66(2): 233 – 242. doi: 10.1016/S0031-9384(98)00289-3.

293 Carter, C.S. Developmental consequences of oxytocin. *Physiol. Behav.* 2003; 79(3): 383 – 397. doi: 10.1016/S0031-9384(03)00151-3.

294 Insel, T.R. The neurobiology of affiliation: Implications for autism. In: Davidson RJ, Scherer KR, Goldsmith HH, eds. *Handbook of Affective Sciences.* New York, USA: Oxford University Press; 2003: 1010 – 1020.

295 Ma, Y., Shamay-Tsoory, S., Han, S., Zink, C.F. Oxytocin and social adaptation: Insights from neuroimaging studies of healthy and clinical populations. *Trends in Cognitive Sciences.* 2016; 20(2): 133 – 145. doi: 10.1016/j.tics.2015.10.009.

chemische Substanzen (z. B. Opioide, Prolaktin, Corticoliberin oder Glutamat) die Entstehung sozialer Beziehungen beeinflussen[296].

Auch die Schlafdauer und die Dauer des Alleinseins beeinträchtigen Verhalten. Bei Hunden, die verschiedenen Formen der sozialen Isolation ausgesetzt waren, wurden nachweislich höhere Stress- und Unaufmerksamkeitswerten gefunden. Zudem gibt es Zusammenhänge zwischen erhöhter oder exzessiver Laufaktivität und ADHS-ähnlichen Symptomen was auf eine Überstimulierung der Hunde im Vergleich zu ihrem natürlichen Verhalten zurückzuführen sein kann. Wild oder freilebende Hunde verbringen nur 12 % des Tages mit Bewegungsaktivitäten[297]. Auch die mit Aktivitäten verbundene Erwartungshaltung könnte bei einigen Hunden zu einem dauerhaft erhöhten Erregungsniveau oder zu Unruhe führen und die ADHS-Problematik noch erhöhen, wenn diese Hunde bereits übermäßig aktiv sind[298].

Zudem wird angenommen, dass unzureichende, dem Hund unangemessene Spielmöglichkeiten bei Welpen und Junghunden zur Entwicklung von ADHS beitragen könnten. Studien stellten einen Zusammenhang zwischen geringerer Kontaktfreudigkeit und erhöhter Unaufmerksamkeit fest. Zudem wiesen ruhigere Individuen weniger Symptome negativer emotionaler Zustände[299] wie Angst und Depression auf, die mit erhöhter Unaufmerksamkeit[300] und verminderter Lernfähigkeit bei Hunden in Verbindung gebracht werden.

ADHS bleibt oft bis ins Erwachsenenalter[301] bestehen und geht mit verschiedenen Begleiterkrankungen einher, wie z. B. Lernstörungen, Autismus-Spektrum-Störungen und Angststörungen[302,303]. Impulsivität, eine Komponente von ADHS, ist gekennzeichnet durch eine gestörte motorische Hemmungskontrolle und eine schlechte Frustrationstoleranz[304]. Ein hohes Maß an Impulsivität gilt als abnormal und wird bei

296 Panksepp, J., Yates, G., Ikemoto, S., Nelson, E. Simple Ethological Models of Depression: Social-Isolation Induced „Despair" in *Chicks and Mice*. Basel, Switzerland: Birkhäuser-Verlag.

297 Boitani, L., Francisci, F., Ciucci, P., Andreoli, G. Population biology and ecology of feral dogs in central Italy. In: Serpell J, ed. *The Domestic Dog: Its Evolution, Behavior and Interactions with People.* Cambridge, UK: Cambridge University Press. 1995: 217 – 244.

298 Hense, M. *Der hyperaktive Hund* [In German]. 1st ed. Bernau, Germany: Animal learn Verlag; 2010.

299 Parker, J.D., Majeski, S.A., Collin, V.T. ADHD symptoms and personality: Relationships with the five-factor model. *Personality and Individual Differences.* 2004; 36(4): 977 – 987. doi: 10.1016/S0191-8869(03)00166-1

300 Nigg, J.T., John, O.P., Blaskey, L.G., et al. Big five dimensions and ADHD symptoms: Links between personality traits and clinical symptoms. *J. Pers. Soc. Psychol.* 2002; 83(2): 451 – 469. doi: 10.1037/0022-3514.83.2.451 76

301 Nicht zu verwechseln mit ADHS bei Erwachsenen! Hier gelten andere Kriterien.

302 Sayal, K., Prasad, V., Daley, D., Ford, T., Coghill, D. ADHD in children and young people: prevalence, care pathways, and service provision. *Lancet Psychiatry.* 2018; 5:175 – 86. 2.

303 Gallo, E.F., Posner, J. Moving towards causality in attention-deficit hyperactivity disorder: overview of neural and genetic mechanisms. *Lancet Psychiatry.* 2016; 3:555 – 67.

304 Dougherty, D.M., Bjork, J.M., Harper, R.A., et al. Behavioral impulsivity paradigms: a comparison in hospitalized adolescents with disruptive behavior disorders. *J. Child Psychol. Psychiatry Allied Discip.* 2003; 44:1145 – 57.

Hunden auch mit anderen schädlichen Verhaltensweisen in Verbindung gebracht, wie z. B. Aggression[305, 306].

Studien deuten darauf hin, dass 12 – 20 %[307, 308] unserer Haushunde von Natur aus ein hohes Maß an Hyperaktivität/Impulsivität bzw. Unaufmerksamkeit aufweisen. Sulkama und Kollegen 2021[309] fanden heraus, dass mehrere demografische, umweltbedingte und verhaltensbezogene Variablen, darunter Alter, Geschlecht, Rasse, Körpergröße, tägliche Bewegung, tägliche Zeit, die allein verbracht wird, Erfahrung des Besitzers mit Hunden, zwanghaftes Verhalten, Aggressivität und Ängstlichkeit mit Hyperaktivität und Impulsivität bei Hunden in Verbindung stehen.

Frühere Untersuchungen haben gezeigt[310], dass hyperaktives und impulsives[311] und unaufmerksames[312] Verhalten bei jungen Hunden viel häufiger vorkommt. Beide Merkmale nehmen mit dem Alter ab, Hyperaktivität/Impulsivität jedoch etwas stärker als Unaufmerksamkeit. In Sulkamas Studie waren Hyperaktivität/Impulsivität und Unaufmerksamkeit bei Rüden stärker ausgeprägt als bei Hündinnen, was mit menschlichen Studien von ADHS einhergeht. Andere Studien fanden keinen signifikanten Unterschied zwischen den Geschlechtern[313].

Häufig wird davon ausgegangen, dass kleine Hunde impulsiver sind als größere Hunde. Im Gegensatz dazu beobachteten Sulkama und Kollegen bei mittelgroßen und großen Hunden höhere Werte für Hyperaktivität/Impulsivität als bei kleinen Hunden, wobei zu beachten ist, dass diese Rassen auf erhöhte Aktivität, Wachsamkeit und Aufmerksamkeit gezüchtet wurden, um ihre Eigenschaften als Arbeitshunde zu optimieren[314]. Die Unterschiede zwischen den Rassen lassen sich also nicht nur durch ihre Größenunterschiede erklären, sondern deuten auch auf einen genetischen Ursprung für Hyperaktivität/Impulsivität hin. In ihrer Studie hatten Cairn Terrier,

305 Peremans, K., Audenaert, K., Coopman, F…, et al. Estimates of regional cerebral blood flow and 5-HT2A receptor density in impulsive, aggressive dogs with 99mTc-ECD and 123I-5-I-R91150. *Eur. J. Nucl. Med. Mol. Imaging.* 2003; 30:1538 – 46. 15.

306 Amat, M., Le Brech, S., Camps, T., … et al. Differences in serotonin serum concentration between aggressive English cocker spaniels and aggressive dogs of other breeds. *J. Vet. Behav. Clin. Appl. Res.* 2013; 8:19 – 25.

307 Dinwoodie, I.R., Dwyer, B., Zottola ,V., Gleason, D., Dodman, N.H. Demographics and comorbidity of behavior problems in dogs. *J. Vet. Behav.* 2019; 32:62 – 71.

308 Salonen, M., Sulkama, S., Mikkola, S., et al. Prevalence, comorbidity, and breed differences in canine anxiety in 13,700 Finnish pet dogs. *Sci. Rep.* 2020; 10:2962.

309 Sulkama, S., Puurunen, J., Salonen, M., Mikkola, S., Hakanen, E., Araujo, C., & Lohi, H. (2021). Canine hyperactivity, impulsivity, and inattention share similar demographic risk factors and behavioural comorbidities with human ADHD. *Translational psychiatry, 11*(1), 1 – 9.

310 Lit, L., Schweitzer, J.B., Iosif, A.M., Oberbauer, A.M. Owner reports of attention, activity, and impulsivity in dogs: a replication study. *Behav. Brain Funct.* 2010; 6:1.

311 Piotti P., Satchell L.P., Lockhart T.S. Impulsivity and ehavior problems in dogs:; Kubinyi E, Turcsán B, Miklósi Á. Dog and owner demographic characteristics and dog personality trait associations. *Behav. Process.* 2009; 81:392 – 401.

312 Ley, J.M., Bennett, P.C., Coleman, G.J. A refinement and validation of the Monash Canine Personality Questionnaire (MCPQ). *Appl. Anim. Behav. Sci.* 2009; 116:220 – 7.

313 Wright, H.F., Mills, D.S., Pollux, P.M.J. Development and validation of a psychometric tool for assessing impulsivity in the domestic dog *(Canis familiaris). Int. J. Comp. Psychol.* 2011; 24:210 – 25.

314 Lindsay, S. R. *Handbook of applied dog behavior and training: etiology and assessment of behavior problems.* Iowa: Iowa State University Press; 2001.

Jack Russell Terrier, Deutscher Schäferhund, Staffordshire Bullterrier und Smooth Collie die höchsten Werte für Hyperaktivität/Impulsivität, während Chihuahua, Rough Collie, Chinesischer Schopfhund, Zwergschnauzer und Pudel die niedrigsten Werte aufwiesen. Bei der Unaufmerksamkeit hatten Cairn Terrier, Golden Retriever, Finnischer Lapphund, Mischlinge und Wheaten Terrier die höchsten Werte, während Border Collie, Pudel, Spanischer Wasserhund, Shetland Sheepdog und Labrador Retriever die niedrigsten Werte zeigten.

Bei unseren Zuchthunden, die häufig für verschiedene Zwecke eingesetzt werden, sodass unterschiedliche Verhaltensmerkmale geschätzt werden, hat die selektive Zucht das rassetypische Verhalten beeinflusst[315]. So werden beispielsweise bei einigen Gebrauchshunderassen wie dem Deutschen Schäferhund und dem Border Collie eine hohe Aktivität, Impulsivität und Aufmerksamkeit bevorzugt[316]. Im Gegensatz dazu werden diese Eigenschaften bei Rassen, die heute eher als reiner Begleithund bevorzugt werden, wie Chihuahua und Pudel, nicht gewünscht, da weniger aktive und impulsive Hunde einfachere Begleiter in einem weniger aktiven Lebensstil sind. Als Nebeneffekt kann jedoch das unaufmerksame Verhalten bei diesen Rassen verstärkt sein.

Geringe tägliche Bewegung und seltene Teilnahme an gemeinsamen Aktivitäten wurden mit höheren Hyperaktivitäts-/Impulsivitätswerten bzw. höheren Unaufmerksamkeitswerten in Verbindung gebracht. Es ist jedoch andersherum auch möglich, dass betroffene Halter nicht gerne mit unaufmerksamen Hunden trainieren oder an Aktivitäten teilzunehmen, da das Training aufgrund der Konzentrationsschwierigkeiten des Hundes unangenehm oder unbefriedigend sein kann. Hunde, die täglich mehr Zeit alleine verbringen, hatten höhere Werte für Hyperaktivität/Impulsivität und Unaufmerksamkeit als Hunde, die weniger Zeit alleine verbringen. Es ist also häufig ein sich selbstverstärkender Kreislauf.

Interessanterweise waren sowohl die Werte für Hyperaktivität/Impulsivität als auch für Unaufmerksamkeit bei Hunden die zwanghaftes Verhalten, Aggressivität und Ängstlichkeit zeigten deutlich höher. Es scheint demnach ein Zusammenhang zwischen zwanghaftem Verhalten und Hyperaktivität sowie zwischen Ängstlichkeit und Hyperaktivität zu bestehen[317].

315 Svartberg, K. Breed-typical behaviour in dogs – Historical remnants or recent constructs? *Appl. Anim. Behav. Sci.* 2006; 96:293–313. 58.
316 Gerencsér, L., Bunfor, N., Moesta, A., Miklósi, Á. Development and validation of the Canine reward responsiveness scale – Examining individual differences in reward responsiveness of the domestic dog. *Sci. Rep.* 2018; 8:4421.
317 Gerencsér, L., Bunford, N., Moesta, A., Miklósi, Á. Development and validation of the Canine reward responsiveness scale – Examining individual differences in reward responsiveness of the domestic dog. *Sci. Rep.* 2018; 8:4421.

Fachlatein

Diese Zusammenhänge könnten auf gemeinsame zugrundeliegende neurobiologische Bahnen und Gehirnstrukturen hinweisen, die an diesen Merkmalen beteiligt sind. ADHS und impulsives Verhalten werden mit Defiziten im frontostriatalen Schaltkreis und abnormalen Aktivierungsniveaus z. B. im präfrontalen Kortex (PFC), im anterioren cingulären Kortex (ACC) und im Striatum in Verbindung gebracht[318]*. Auch Zwangsstörungen, Furcht und Angst sind durch eine abnorme Aktivität des frontostriatalen Schaltkreises gekennzeichnet und betreffen ebenfalls das Striatum, den PFC und den ACC*[319,320]*.*

Der präfrontale Cortex, kurz PFC, nimmt den vorderen Rindenteil des Frontallappens ein. Er führt exekutive Aufgaben aus und ist entscheidend am Arbeitsgedächtnis beteiligt. Exekutive Aufgaben bezeichnen die geistigen Funktionen, mit denen Hunde ihr eigenes Verhalten unter Berücksichtigung der Bedingungen ihrer Umwelt steuern. Diese Funktionen dienen dazu, das eigene Handeln möglichst optimal einer Situation anzupassen, um ein günstiges Verhaltensergebnis zu erzielen. Ein Synonym für dieses Bündel an Fähigkeiten ist auch „kognitive Kontrolle".

Das Arbeitsgedächtnis ist ein Bestandteil des Kurzzeitgedächtnisses, das zur kurzfristigen Speicherung und Verarbeitung von Informationen dient.

Der ACC scheint eine Rolle bei einer Reihe von autonomen Funktionen zu spielen, wie beispielsweise der Regulation von Blutdruck und Herzfrequenz. Er ist auch bei bestimmten Funktionen höherer Ordnung wie Erwartungshaltung, Entscheidungsfindung, Impulskontrolle und Emotionen beteiligt. Das Striatum bildet die Eingangsstation der Basalganglien und ist Bestandteil bedeutsamer neuronaler Regelkreise, die einen elementaren funktionellen Stellenwert für den frontalen (exekutiven) Teil des Gehirns haben, und die das Zusammenwirken von Motivation, Emotion, Kognition und dem Bewegungsverhalten auf neuronaler Ebene realisieren.

318 Kooij, J.J.S., Bijlenga, D., Salerno L., … et al. Updated European Consensus Statement on diagnosis and treatment of adult ADHD. *Eur. Psychiatry.* 2019; 56:14–34.

319 Nakao, T., Okada, K., Kanba, S. Neurobiological model of obsessive-compulsive disorder: evidence from recent neuropsychological and neuroimaging findings. *Psychiatry Clin. Neurosci.* 2014; 68:587–605.

320 Milad, M.R., Rauch, S.L. Obsessive-compulsive disorder: beyond segregated corticostriatal pathways. *Trends Cogn. Sci.* 2012; 16:43–51.

Posttraumatische Belastungsstörung (PTBS)

Um die Hunde-PTSD (Canine-PTSD) und die PTSD zu vergleichen, wird zunächst die PTSD erörtert und dann werden die Details der beiden Störungen verglichen und gegenübergestellt. Auf diese Weise wird bewiesen, dass es die C-PTSD tatsächlich gibt und dass die C-PTSD, obwohl sie Ähnlichkeiten mit der PTSD aufweist, ihre eigenen einzigartigen Merkmale hat. Hunde mit C-PTSD sind ängstlicher und/oder aggressiver und leiden unter Hyperarousal, was zwanghaftes Verhalten und Hyperaktivität einschließen kann. Hyperarousal ist, einfach ausgedrückt, ein chronischer Zustand von Kampf oder Flucht.

Diagnosekriterien der Posttraumatischen Belastungsstörung (PTBS) nach der American Psychiatric Association (DSM-5)
Exposition gegenüber tatsächlichem oder drohendem Tod, schweren Verletzungen oder sexueller Gewalt auf eine (oder mehrere) der folgenden Arten: • Unmittelbares Erleben des traumatischen Ereignisses/der traumatischen Ereignisse. • Persönliches Miterleben des Ereignisses/der Ereignisse, wie es anderen widerfahren ist. • Wiederholte oder extreme Exposition gegenüber aversiven Details des/der traumatischen Ereignisses/Ereignisse
Vorhandensein eines (oder mehrerer) der folgenden Intrusionssymptome im Zusammenhang mit dem traumatischen Ereignis, beginnend nach dem Eintritt des traumatischen Ereignisses: • Wiederkehrende, unwillkürliche und aufdringliche belastende Erinnerungen an das traumatische Ereignis. • Wiederkehrende beunruhigende Träume, deren Inhalt und/oder Affekt mit dem/den traumatischen Ereignis(en) in Zusammenhang stehen. • Dissoziative Reaktionen (z. B. Flashbacks), bei denen der Betroffene das Gefühl hat oder sich so verhält, als würde sich das traumatische Ereignis bzw. die traumatischen Ereignisse wiederholen. (Solche Reaktionen können auf einem Kontinuum auftreten, wobei die extremste Ausprägung ein vollständiger Verlust des Bewusstseins der gegenwärtigen Umgebung ist). • Intensive oder anhaltende psychische Belastung bei der Exposition gegenüber inneren oder äußeren Reizen, die einen Aspekt des/der traumatischen Ereignisses/e symbolisieren oder ähneln. • Ausgeprägte physiologische Reaktionen auf innere oder äußere Reize, die einen Aspekt des/der traumatischen Ereignisses/Ereignisse symbolisieren oder ihm/ihr ähneln.

Anhaltende Vermeidung von Reizen, die mit dem/den traumatischen Ereignis(en) in Verbindung gebracht werden, beginnend, nachdem das/die traumatische(n) Ereignis(e) stattgefunden hat/haben, was durch eine oder beide der folgenden Eigenschaften belegt wird:

- Vermeidung von oder Bemühungen zur Vermeidung von belastenden Erinnerungen, Gedanken oder Gefühlen, die mit dem/den traumatischen Ereignis(en) in Verbindung stehen.
- Vermeidung von externen Erinnerungen (Menschen, Orte, Aktivitäten, Objekte, Situationen), die belastende Erinnerungen, Gedanken oder Gefühle über das traumatische Ereignis/die traumatischen Ereignisse oder in engem Zusammenhang damit hervorrufen, oder Bemühungen, diese zu vermeiden.

Negative Veränderungen der Kognitionen und der Stimmung im Zusammenhang mit dem/den traumatischen Ereignis(en), die nach dem/den traumatischen Ereignis(en) beginnen oder sich verschlimmern, was durch zwei (oder mehr) der folgenden Punkte belegt wird:

- Anhaltende negative Gefühlslage (z. B. Angst, Wut).
- Deutlich vermindertes Interesse oder Beteiligung an wichtigen Aktivitäten.
- Gefühle der Loslösung oder Entfremdung von anderen.
- Anhaltende Unfähigkeit, positive Emotionen zu erleben.

Ausgeprägte Veränderungen der Erregung und Reaktivität im Zusammenhang mit dem/den traumatischen Ereignis(en), die nach dem/den traumatischen Ereignis(en) beginnen oder sich verschlimmern, was durch zwei (oder mehr) der folgenden Punkte belegt wird:

- Reizbares Verhalten und Wutausbrüche (mit wenig oder ohne Provokation),
- Selbstzerstörerisches Verhalten
- Hypervigilanz
- Übertriebene Schreckreaktion
- Probleme mit der Konzentration
- Schlafstörung

Die Dauer der Störung beträgt mehr als einen Monat. Die Störung verursacht klinisch signifikanten Leidensdruck oder Beeinträchtigungen im sozialen oder anderen wichtigen Funktionsbereichen. Die Störung ist nicht auf die physiologischen Auswirkungen einer Substanz (z. B. Medikamente) oder eines anderen medizinischen Zustands zurückzuführen.

Nach dem ICD-10 umfassen die Symptome einer PTBS (F43.1) das wiederholte Erleben des Traumas in Erinnerungen (Flashbacks) und Träumen, ein andauerndes Gefühl von Betäubtsein, emotionaler Stumpfheit, Teilnahmslosigkeit, Freudlosigkeit sowie eine Übererregtheit mit Vigilanzsteigerung und einer übermäßigen Schreckhaftigkeit. Zudem treten Schlafstörungen auf und es kommt zur Vermeidung von Aktivitäten und Situationen, die Erinnerungen an das Trauma wachrufen könnten[321]. Die Posttraumatische Belastungsstörung tritt bei Hunden genauso auf wie bei Menschen.

Ein Aspekt, in dem sich Hunde und Menschen unterscheiden, sind die Flashbacks oder Träume. Es ist unmöglich, wissenschaftlich nachzuweisen, was ein Hund denkt. Menschen können es verbal ausdrücken, aber Hunde sind zu einer solchen Kommunikation nicht fähig. Daher ist es unmöglich, das Vorhandensein und/oder das Ausmaß von Flashbacks oder Träumen bei unseren Hunden festzustellen, während dies ein eindeutiges Symptom der PTBS ist. Auch die Diagnose ist unterschiedlich. Die Symptome, die ein Hund zeigt, reichen möglicherweise nicht aus, um eine Diagnose zu stellen, weil der Hund nicht verbal mitteilen kann, was er/sie gerade erlebt. Beide Störungen erfordern eine Therapie, aber die Therapiemethoden sind unterschiedlich. Während Menschen mit PTSD eine kognitive Verhaltenstherapie benötigen, werden Hunde mit C-PTSD eine andere Art von Therapie, beispielweise Desensibilisierungstherapie und/oder Gegenkonditionierung erhalten. Bei der Desensibilisierung wird ein Tier allmählich an einen Reiz gewöhnt, auf den es zunächst unerwünschte Reaktion zeigt. Gegenkonditionierung ist der Prozess, durch den eine Reaktion, die physiologisch und verhaltensmäßig mit der unerwünschten Reaktion unvereinbar ist, hervorgerufen wird.

Einer der am frühesten erforschten Bereiche war der von Militärhunden. Bereits im Jahr 2010 gab es Militärhunde mit PTSD-ähnlichen Symptomen. Im Jahr 2012 waren fünf Prozent der 650.000.000 beschäftigten Militärhunde an PTSD erkrankt[322]. Sie zeigten Vermeidung bestimmter Objekte, Personen und Orte, die Erinnerungen auslösten, Stimmungsschwankungen – vor allem Aggressionen und Depressionen –und Übererregung.

Auch das psychische Wohlbefinden der Rettungskräfte und deren Such- und Rettungshunde, die nach den Terroranschlägen vom 11. September 2001 in New York City und Washington D.C. eingesetzt waren, wurde über drei Jahre dokumentiert und ausgewertet. Fünfundachtzig Einsatzkräfte und vierundneunzig Hunde wurden zu verschiedenen Zeitpunkten untersucht: nach sechs Monaten, einem Jahr, zwei

321 WHO: ICD-10-GM Version 2020, Systematisches Verzeichnis, Internationale statistische Klassifikation der Krankheiten und verwandter Gesundheitsprobleme, 10. Revision. DIMDI 2020.

322 Drobny, S., Miller, L. Inside the Mind of a Traumatized Dog: Does Canine PTSD exist, and if so, is it similar to PTSD in humans? 4.11. 2016.

und drei Jahren nach den Anschlägen[323]. Es zeigte sich eine Wechselwirkung zwischen dem emotionalen Wohlbefinden des Hundeführers und der Gesundheit und dem Verhalten des Hundes. Symptome von Depressionen und PTBS bei den Hundeführern sagten Verhaltensprobleme bei den Hunden im Laufe der Zeit vorher. Trennungsangst, extreme Bindung bzw. Aufmerksamkeitssuche und hohe Erregbarkeit traten bei den Hunden nach einem Jahr auf. Im zweiten Jahr eskalierten die Verhaltensprobleme zu Aggression gegenüber anderen Hunden und Depressionen und im dritten Jahr zu massiver Trennungsangst, Angstaggression gegenüber anderen Hunden und gegenüber Fremden, sowie Zwangsverhalten. Sie reflektierten, zeitverzögert, häufig die Symptome ihrer Menschen.

Eine Studie aus Japan nach dem Erdbeben in Fukushima wies nach, dass die Kortisolwerte von Katastrophenhunden (Fukushima) und Nicht-Katastrophenhunden (aus Kanagawa) signifikant unterschiedlich waren[324]. Die Ergebnisse zeigten extreme Stressparameter zehn Wochen nach dem Ereignis bei den Hunden aus Fukushima. Sie wiesen zudem ein geringeres Maß an Trainierbarkeit und Bindung auf, typisch für PTBS-Patienten[325].

Betrachtet man die Kardinalsymptome der PTBS, sind diese auch bei Hunden zu beobachten, z. B. Aggression, Unruhe, angstinduzierte Verhaltensweisen, Reaktionen auf und Vermeidung von Auslösern, Verlust des Interesses an früher beliebten Aktivitäten, Depressionen, Entwicklung von bzw. Zunahme von allgemeinen Stresssymptomen, erhöhte Erregung, Reaktivität, Vigilanz, Schreckreaktionen und Rückzug. Zudem nutzen Hunde sowohl aktive als auch passive Bewältigungsstrategien.

323 Hunt, M., Otto, C. M., Serpell, J. A., & Alvarez, J. (2012). Interactions between handler well-being and canine health and behavior in search and rescue teams. *Anthrozoös,* 25(3), 323 – 335.

324 Yamamoto, T. (2003). Unusual behaviour and a post-traumatic stress like syndrome (PTSD) in dogs after a vigorous earthquake on a seismic scale of 5+. *Journal of Veterinary Medicine.* Volume: 56, pages 535 – 541.

325 Nagasawa, M., Mogi, K., Kikusui, T. (2012). Continued distress among abandoned dogs in Fukushima. *Scientific Reports.* Volume 2, pages 724.

Bezüglich der traumatischen Erfahrung werden gemeinhin zwei Arten von Traumata unterschieden.

Monotrauma	Komplexe Traumatisierung
Ein singuläres Trauma oder Monotrauma beziehungsweise Schocktrauma ist ein einmaliges Ereignis außerhalb der Erfahrungsnorm. Dazu zählen beispielsweise eine Naturkatastrophe, Krieg, Vergewaltigung, schwere Beißverletzung etc. Ein Hund wird plötzlich durch ein überwältigendes, negatives, bedrohliches Ereignis aus seinem normalen Lebensalltag gerissen.	Komplexe Traumatisierung sind mehrmalige, sich wiederholende Ereignisse, die ein traumatisches Erleben wie Bedrohungserfahrung, Ohnmachtserleben, Ängste, Kontrollverlust und Ausgeliefertsein mit sich bringen. Das ist zum Beispiel bei sexueller, körperlicher, emotionaler Gewalt durch Bezugspersonen der Fall. Sie können unter anderem zu Wut, Aggression, einer dissozialen Entwicklung, Autoaggression, extremer Passivität, Dissoziation, emotionaler Anästhesie und Depression führen. Die Ereignisse, die einer komplexen posttraumatischen Belastungsstörung vorangehen, sind in der Regel serielle, häufig miteinander verknüpfte oder chronische traumatische Ereignisse, etwa jahrelanger sexueller Missbrauch bei Vermehrern.

Beschriebene traumatisierende Erfahrungen sind vielfältig und umfassen aversive Trainings[326], Angriffe, Missbrauch und/oder Vernachlässigung, Unfälle und Feuerwerk. Gerade der Einsatz von Bestrafung, mit dem versucht wird, die Symptome der Hunde zu kontrollieren, ist alarmierend, da Gewalt im Umgang und aversives Training häufige Stressoren sind, die zum Ausbruch einer PTBS führen[327]. Die fünf häufigsten Stressoren, die zu einer Traumatisierung führen, waren laut Hundebesitzern: 1) Unterwerfung unter einem dominantem Hundetrainer, 2) Schläge oder Angst durch/vor Veterinär, Hundetrainer, Frisör 3) von einem unbekannten Hund/unbekannten Hunden angegriffen, 4) in einen Unfall verwickelt, 5) Feuerwerk[328].

Die befragten Hundehalter erklärten, dass sie ihre Hunde nicht aus der traumatisierenden Situation herausgeholt hatten, weil sie sich des Risikos nicht bewusst waren. Erst als sich Symptome chronischen Leidens bemerkbar machten, erkannten sie den Ernst der Lage.

326 Hiby, E., Rooney, N., Bradshaw, J. (2004). Dog training methods: their use effectiveness and interaction with behaviour and welfare. *Animal Welfare.* Volume 13, pages 63 – 69.

327 Herron, M., Shofer, F., Reisner, I. (2009). Survey of the use and outcome of confrontational and non-confrontational training methods in client-owned dogs showing undesired behaviors. *Applied Animal Behaviour Science,* Volume 117, p. 47 – 54.

328 Alupo, C. (2017). Canine PTSD An inquiry study on psychological trauma in dogs. Swedish University of Agricultural Sciences Department of Animal Environment and Health SN 1652 – 280. ISSN 1652 – 280X.

Beispiele einer Handlungskette:
Initial traumatisierendes Ereignis, erster Auslöser, weitere generalisierte Auslöser

Traumatisches Ereignis	Primärer Trigger	Sekundärer Trigger
Grobes Hundetraining	Leine, Halsband, Hundetrainer, Leinenzug.	Offenen Rasenplätze, eingezäunte Gelände, Menschen in Westen mit Hundepfeife, Menschen die im Kreis stehen, Hunde in Gruppen
Veterinär, der den Hund grob behandelt hat	Klinik, angefasst werden, festgebunden sein oder festgehalten werden.	Leine, Halsband, Geschirr, Tisch, beengt zu sein, sich nicht entziehen zu können, enge Räume.
Beim Hundefrisör auf dem Tisch mit Zuziehhalsband am Galgen festgemacht	Tisch, glatte Böden, Menschen in Kitteln, Halsbänder, Leine, Bürste.	Angeleint werden, angefasst werden, Shampoo, Bürste, Rasierapparat, Föngeräusche, laufendes Wasser, gehoben zu werden.
Bei Alkoholikern/Drogenabhängigen gelebt	Menschen, Klicken eines Feuerzeuges, erhobene Arme, Menschen, die aufstehen, schnelle Bewegungen, Alkoholgeruch, Öffnen einer Bierflasche, betrunkene Menschen, in einem Raum sein	Menschen allgemein, laute Geräusche, angefasst werden, gestreichelt werden, müde werden, Nähe, Dunkelheit, unbekannte Gegenstände
Im Auto eingesperrt gewesen während des Neujahrsfeuerwerks	Auto, Feuerwerk	Lichter, Kamerablitz, alle Objekte die von oben kommen; Isolation, eingesperrt sein
Während des Spaziergangs von einem Hund attackiert worden (ohne ernsthafte Verletzungen)	Hunde, Hunde die rennen, Hunde einer bestimmten Farbe und/oder Größe	Laute Geräusche, Spazierengehen, schnelle Bewegungen von Mensch oder Hund, das Geräusch von rennenden Menschen oder Hunden, Bewegungen die von oben kommen

Schmerzhafte Veterinärbehandlung (ohne vorheriges Medical Training o. ä.)	Klinik, Nagelschere, Spritzen,	Weiße Kittel, Fliesenböden, Geruch nach Desinfektionsmittel, Geruch nach Blut
Autounfall. Der Hund und seine Mutter in einer Transportkiste eingesperrt, dann vom Auto des Besitzers überfahren (die Hundemutter starb an den Folgen des Unfalls). Hundehalter erlitt einen Schock und verhielt sich hysterisch	Autos. In oder in engem Kontakt mit Boxen, Menschen, die aufgeregt oder überdreht sind, beengte Räume, mit anderen Hunden im nahen physischen Kontakt sein.	Einkaufswagen, Einkaufstaschen, Fahrräder, alles auf Rädern, Hunde, Isolation, Geräusche, Gegenstände die aus dem Regal fallen, Objekte von oben, Auto Geräusche, Geruch von Autos
Begleithundeprüfung mit Werfen vom Kettenhalsband bei Nichthören	Plötzliche Geräusche, metallische Geräusche, Kette, Seil oder Leine die über den Boden gezogen werden	Zerbrechen von Zweigen, zuschlagende Türen, Türen im Allgemeinen, jede Bewegung auf dem Boden, Klappern, fallengelassenes Besteck.

Aktive oder passive Vermeidung von Auslösern (primäre oder sekundäre Trigger) lag nach Angaben der Halter bei 88 % der Hunde vor. Die Vermeidung wurde als anhaltend beschrieben und hatte sich im Laufe der Zeit verschlimmert. 98 % der Halter erklärten, dass ihre Hunde nach dem Trauma eine insgesamt negative Veränderung in Kognition und Stimmung zeigten und 91 % gaben an, dass ihre Hunde entweder eine erhöhte Unsicherheit, Aggression und/oder Angst nach dem Trauma zeigten[329].

61 % der Hundehalter gaben an, dass sie ihre Hunde nach dem Trauma bestraft hatten, um die Verhaltenssymptome zu kontrollieren und/oder zu verringern.

329 Alupo, C. (2017). Canine PTSD An inquiry study on psychological trauma in dogs. Swedish University of Agricultural Sciences Department of Animal Environment and Health SN 1652 – 280. ISSN 1652 – 280X

Folgende Strafen wurden bei den Hunden angewendet:

Strafen, um PTBS Verhalten (-) zu ändern/unterdrücken
Leinenruck
Schubsen des Hundes in die Rippen/Seite
Festhalten der Wangen des Hundes, Starren in die Augen des Hundes und verbales Schimpfen
Anschreien des Hundes
Drücken des Hundes auf den Boden/die Erde
Bespritzen des Hundes mit Wasser
Greifen des Hundes an den Nasenrücken
„Alpharolle", den Hund körperlich zur Unterwerfung zwingen, den Hund auf den Rücken legen
Anheben des Hundes am Halsband/an der Leine vom Boden (Anheben der Vorderpfoten vom Boden)
Soziale Isolation (von der Familie/dem Rudel)
Einsperren des Hundes in einen anderen Raum oder ein Trenngitter
Werfen von klappernden Dosen nach/auf den Hund
Verwendung eines Bellkontrollhalsbandes

Der Strafende waren der Besitzer, ein Partner, ein Nachbar oder ein Hundetrainer. 32 % der Hundehalter, die problematische Verhaltensweisen mit aversiven Methoden zu kontrollieren versuchten, „dominierten" ihren Hund, und 33 % hatten körperliche Schläge oder andere missbräuchliche Methoden angewandt[330]. Der PTBS-Stressor wurde in diesem Fall direkt erlebt und die Erlebnisse waren unkontrollierbar und unvorhersehbar für die Hunde[331]. Bei den meisten Stressfaktoren handelte es sich um Interaktionen mit Menschen, häufig mit den Hundebesitzern selbst oder Hundetrainern/Tierärzten oder Frisören. Die Wahrscheinlichkeit, dass sich eine PTBS

330 Schilder, M., Van der Borg, J. (2004). Training dogs with the help of the shock collar: short and long term behavioural effects. *Appl. Anim. Beh. Sci.* Volume 85, pages 319–344.

331 Hollis, K., Overmier, J. (1973). Effects of inescapable shock on efficacy of punishment of appetitive instrumental responding by dogs. *Psychological Reports.* Volume 33, pages 903–906.

entwickelt, ist größer, wenn der Vorfall in einer Umgebung stattfindet, in der sich das Opfer sicher wähnt, wie zu Hause.

Die Reaktion auf und die Vermeidung von Auslösern ist für die Diagnose von PTBS bei Hunden von großer Bedeutung, da sie wahrscheinlich Ausdruck des Wiedererlebens sind. Primäre Auslöser werden als Angstassoziationen aus erster Hand mit dem Stressor definiert, wobei der Auslöser oft etwas ähnelt, das aus dem traumatischen Ereignis in Erinnerung geblieben ist. Manchmal ist es zum Beispiel nur ein ganz spezieller Geruch, der den Hund plötzlich in Aufregung versetzt. Ein Hund, der in einem Park von einem großen und schreienden Mann angegriffen wurde, kann Angstreaktionen auf große Männer oder Schreie entwickeln. Sekundäre Auslöser werden als Assoziationen aus zweiter Hand mit dem Stressor definiert. Ein sekundärer Auslöser kann etwas symbolisieren, das indirekt mit den traumatischen Ereignissen in Verbindung steht, wie zum Beispiel die Umgebung. In dem oben beschriebenen Szenario kann sich Angst vor einem Park oder offenem Gelände entwickeln.

Zahlreiche Gene und epigenetische Einflüsse werden als Ursache für die Anfälligkeit für PTSD vorgeschlagen. Die meisten beeinflussen die Hypothalamus-Hypophysen-Nebennieren-Achse. Sicherlich sind Hormone wie Adrenalin, Noradrenalin und Dopamin eng an der Prägung starker negativer Erinnerungen beteiligt. Die PTBS ist sowohl eine psychologische als auch eine physiologische Störung und die Forschung zeigt, wie anhaltende Stressreaktionen dazu führen, dass Hormone und Neurochemikalien in den Blutkreislauf ausgeschüttet werden, und dadurch immunologische Veränderungen ausgelöst werden. PTBS ist eine Frage der Pathophysiologie, da emotionale Veränderungen aufgrund von Traumatisierung die neurobiologische Regulierung beeinflussen. Es besteht ein großer Unterschied zwischen einer normalen Stressreaktion, konditionierter Angst, akutem Schock und der Komplexität der PTBS mit ihren bioverhaltensbedingten Veränderungen. PTBS-betroffene Hunde reagieren auf Auslöser mit erhöhter Herzfrequenz, erhöhtem Hautleitwert, erhöhtem Blutdruck und starkem psychischen Stress[332, 333]. Schlafstörungen sind ein weiteres zentrales Symptom für PTBS-betroffene Hunde, da wiederholte Alpträume und dysfunktionale Rapid-Eye-Movement (REM)-Schlafmechanismen häufig sind[334].

Eine Re-Traumatisierung kann auftreten, wenn der PTBS-betroffene Hund eine Situation erlebt, die dem auslösenden traumatischen Ereignis ähnelt. Diese Situation kann einen Rückfall auslösen, der zu einer Verschlimmerung und/oder neuen Symptomen führt.

332 Bessel, A., van der Kolk, B. (2001). The psychobiology and psychopharmacology of PTSD. *Human Psychopharmacology Clinical and Experimental.* Volume 16, pages S49 – S64.

333 Foa, B., Rothbaum, B., Zinbarg, R. (1992). Uncontrollability and unpredictability in post-traumatic stress disorder: an animal model. *Psychological Bulletin.* Volume 112, pages 218 – 238.

334 Ross, R., Ball, W., Dinges, D., Kribbs, N., Morrison, A., Silver, S., Mulvaney, F. (1994). Rapid eye movement sleep disturbance in posttraumatic stress disorder. *Biological Psychiatry.* Volume 35, pages 195 – 202.

Solange die C-PTSD nicht validiert und verstanden wird, bleiben die Hunde in der Schwebe. Obwohl die C-PTSD erst in jüngster Zeit Aufmerksamkeit erregt hat, werden ebenso viele Tiere von ihr heimgesucht wie PTSD bei Menschen. Besonders verbreitet ist sie bei Hunden, die vom Militär eingesetzt werden. C-PTSD hat sowohl ihre individuellen Merkmale, teilt aber auch Aspekte der PTSD des Menschen. Da C-PTSD existiert und sich auf Hunde in ähnlicher Weise auswirkt wie PTSD auf Menschen, gibt es wenig Grund, zu zögern, die Opfer zu behandeln. Es muss noch mehr geforscht werden, unter welchen Bedingungen C-PTBS auftritt, um ein noch besseres Verständnis zu erlangen. Außerdem muss die Forschung darauf abzielen, eine Behandlung zu finden, die Hunden die Qualen des Lebens mit PTBS erspart.

Asperger

Das Asperger-Syndrom unterscheidet sich von anderen Autismus-Spektrum-Störungen in erster Linie dadurch, dass oft keine Entwicklungsverzögerung bzw. kein Entwicklungsrückstand in der kognitiven Entwicklung vorhanden ist. Die meisten Individuen mit Asperger-Syndrom besitzen eine normale allgemeine, in Teilgebieten besonders hohe Intelligenz. Hingegen sind in der psychomotorischen Entwicklung und der sozialen Interaktion Auffälligkeiten festzustellen. Besonderheiten in der Wahrnehmung und Verarbeitung von Umweltreizen und Sinneseindrücken treten auch bei Individuen mit Asperger-Syndrom häufig auf.

Diagnosekriterien der Autismus-Spektrum-Störung nach der American Psychiatric Association (DSM-5)

Im DSM-5 wurden die Begriffe „Autistische Störung" und „Asperger-Störung" durch den Sammelbegriff „Autismus-Spektrum-Störung" ersetzt. Das DSM-5 hat Subtypen wie Asperger zugunsten eines einzigen kontinuierlichen Spektrums aufgegeben, das die Variabilität der Symptome und ihrer Ausprägung widerspiegelt. Das **Asperger-Syndrom** wurden im **DSM-5** gemeinsam mit dem **Autismus** und weiteren Erkrankungen, die mit einer Veränderung in der **sozialen Kommunikation** und **sozialen Interaktion** verbunden sind, in der neuen Gruppe der so genannten **Autismusspektrumsstörungen** *(engl. Autism Spectrum Disorders)* zusammengefasst.

Autismus

Autismus wird als Spektrumstörung bezeichnet, da die Symptome in verschiedenen Kombinationen auftreten können und sich entlang eines Kontinuums von Schweregraden bewegen. Häufig bezeichnet man Autismus bzw. Autismus-Spektrum-Störungen auch als Störungen der Informations- und Wahrnehmungsverarbeitung, die sich auf die Entwicklung der sozialen Interaktion, der Kommunikation und des Verhaltensrepertoires auswirken. ASS ist durch anhaltende Defizite in zwei Kernbereichen gekennzeichnet, die bereits in der frühen Entwicklungsphase vorhanden sein müssen: (a) sozio-kommunikative Störungen, d. h. Defizite im kommunikativen Verhalten, beeinträchtigter sozialer Austausch und schlechte interaktionelle und emotionale Synchronität (siehe Kapitel 1 „Wimpernschlag") und (b) eingeschränkte, sich wiederholende Verhaltensmuster, d. h. stereotype motorische Bewegungen, enge, fixierte Interessen und Beharren auf Gleichförmigkeit und Routinen[335].

Diagnosekriterien der Autismus-Spektrum-Störung nach der American Psychiatric Association (DSM-5)

Im DSM-5 wurden die Begriffe „Autistische Störung" und „Asperger-Störung" durch den Sammelbegriff „Autismus-Spektrum-Störung" ersetzt.

„Anhaltende Schwierigkeiten bei der sozialen Kommunikation und der sozialen Interaktion" und „eingeschränkte und sich wiederholende Verhaltensmuster, Aktivitäten oder Interessen" (dies schließt sensorisches Verhalten ein), die seit der frühen Kindheit bestehen und die „die Funktionsfähigkeit im Alltag einschränken und beeinträchtigen".

Die DSM-5-Kriterien für Autismus bestehen aus 10 Elementen, die in 2 Hauptkategorien und 3 separate Kriterien unterteilt sind:

- Kategorie A: Autistische soziale Kommunikation und soziale Interaktion.
- Kategorie B: Sich wiederholende Verhaltensmuster (Stimmung, Gleichartigkeit, besondere Interessen und sensorische Empfindlichkeiten).
- Kriterium C: Die Symptome müssen seit dem Kindesalter vorhanden sein.
- Kriterium D: Ausmaß, in dem Autismus das tägliche Funktionieren beeinträchtigt.
- Kriterium E: Merkmale, die nicht besser durch eine intellektuelle Behinderung erklärt werden können.

↓ ↓ ↓

335 American Psychiatric Association, 2013- American Psychiatric Association. (2013). *Diagnostic and statistical manual of mental disorders* (5th ed.). Arlington, VA: American Psychiatric Association.

Anhaltende Defizite in sozialer Kommunikation und sozialer Interaktion in verschiedenen Kontexten, die sich aktuell oder in der Vergangenheit durch Folgendes manifestieren:

- Defizite in der sozial-emotionalen Reziprozität, die z. B. von abnormaler sozialer Annäherung und dem Scheitern normaler Hin- und Hergespräche bis hin zum eingeschränkten Austausch von Interessen, Emotionen oder Affekten und dem Versagen, soziale Interaktionen zu initiieren oder darauf zu reagieren, reichen.
- Defizite bei nonverbalen kommunikativen Verhaltensweisen, die der sozialen Interaktion dienen, z. B. schlecht integrierte verbale und nonverbale Kommunikation, Anomalien bei Blickkontakt und Körpersprache oder Defizite beim Verstehen und Verwenden von Gesten bis hin zum völligen Fehlen von Mimik und nonverbaler Kommunikation.
- Defizite bei der Entwicklung, Aufrechterhaltung und dem Verständnis von Beziehungen, die z. B. von Schwierigkeiten bei der Anpassung des Verhaltens an verschiedene soziale Kontexte über Schwierigkeiten beim gemeinsamen Spielen oder beim Schließen von Freundschaften bis hin zu mangelndem Interesse an Gleichaltrigen reichen.

Eingeschränkte, sich wiederholende Verhaltensmuster, Interessen oder Aktivitäten, die sich aktuell oder in der Vergangenheit durch mindestens zwei der folgenden Merkmale zeigen:

- Stereotype oder sich wiederholende motorische Bewegungen, Verwendung von Gegenständen oder Lautäußerungen.
- Beharren auf Gleichförmigkeit, starres Festhalten an Routinen oder ritualisierte Muster verbalen oder nonverbalen Verhaltens
- Stark eingeschränkte, fixierte Interessen, die in ihrer Intensität oder ihrem Fokus abnormal sind
- Über- oder Unterempfindlichkeit gegenüber sensorischen Reizen oder ungewöhnliches Interesse an sensorischen Aspekten der Umwelt (z. B. scheinbare Gleichgültigkeit gegenüber Schmerz/Temperatur, negative Reaktion auf bestimmte Geräusche oder Texturen, übermäßiges Riechen oder Berühren von Gegenständen, visuelle Faszination für Licht oder Bewegung).

Eines der hervorstechenden Merkmale von Autismus ist die Unfähigkeit, angemessen auf Veränderungen von Umweltbedingungen zu reagieren (die sogenannte *atypische Toleranz für Vorhersagefehler*)[336]. Die Gehirne von ASS-betroffenen sind nicht in der Lage, selbst zufällige/irrelevante Veränderungen in der Umgebung zu ignorieren (d. h. sie können nicht lernen, Vorhersagefehler zu ignorieren), und daher führt jede geringfügige Verletzung zu neuem Lernen, ohne dass sie ein Gefühl der Kontrolle erlangen, also selbst die unwichtigsten Dinge erhalten eine unangemessen hohe Aufmerksamkeit. Sehr schnell können sie in die Situation einer Überladung mit Sinneseindrücken kommen.

336 Van de Cruys, S., Van der Hallen, R., Wagemans, J. (2017). Disentangling signal and noise in autism spectrum disorder. *Brain and Cognition,* 112, 78–83.

Diese Wahrnehmung der Unvorhersehbarkeit macht Hunde mit ASS unfähig zum Meta-Lernen (d. h. zu lernen, welche Merkmale in einer Aufgabe lernbare Umweltregelmäßigkeiten vermitteln und welche als bedeutungslos betrachtet werden können). Die Befunde, dass Probanden mit ASS gute Leistungen bei visuellen Erkennungs- und Unterscheidungsaufgaben erbringen[337], aber ihre exekutive Aufmerksamkeit atypisch ist und sie oft den wichtigsten Punkt verfehlen[338], scheinen ihre Schwierigkeiten beim Meta-Lernen zu unterstützen. Die Besonderheiten im Verhalten sind charakterisiert durch eingeschränkte, sich wiederholende und stereotype Verhaltensmuster, Interessen und Aktivitäten. Alltägliche Aufgaben werden starr und routiniert ausgeführt.

Die Wahrnehmung der Diskrepanz zwischen dem tatsächlichen und dem erwarteten Ergebnis (Vorhersagefehler) der Hunde ist ein grundlegendes Defizit bei ASS. Dies ist so, weil Hunde als Reaktion auf die Herausforderungen der Anpassung an die menschliche Umgebung ein hochflexibles Informationsverarbeitungssystem entwickelt haben. Das heißt, dass das soziale Umfeld des Menschen eine Vielzahl von kognitiv anspruchsvollen Inputs für Hunde bereitstellt und somit die Entwicklung sozialer Kompetenz in einem solch komplexen sozialen Umfeld weitgehend davon abhängt, ob Signale (d. h. erlernbare Regelmäßigkeiten) und Rauschen (d. h. „bedeutungslose" Abweichungen von Vorhersagen) richtig unterschieden werden. Hunde nehmen häufig an lauten und dynamischen sozialen Interaktionen teil, in denen sie (wie junge Kinder) effizient adäquate „soziale Skripte" (z. B. soziale Regeln) zeigen sollen, die dann in sozialen Kontexten breit angewendet werden können. Wenn ein Hund aufgrund seiner „niedrigen und unflexiblen" Toleranz gegenüber Vorhersagefehlern Verstöße gegen seine Vorhersagen atypisch wahrnimmt und darauf reagiert, kann sich dies in einem atypischen Gebrauch von Blickkontakt, Defiziten bei der Erkennung von Emotionen usw. äußern. Er „versteht" unter Umständen seine äußere Welt nicht. Hunde mit Autismus können soziale und emotionale Signale nur schwer einschätzen und haben Schwierigkeiten, diese auszusenden. Die Reaktionen auf Gefühle anderer Menschen oder Hunde oder Verhaltensanpassungen an soziale Situationen sind selten angemessen. Motorische Stereotypien wie Lecken oder Kreiseln sind häufig zu beobachten, ebenso wie ein außergewöhnliches Interesse an Teilaspekten von Objekten (z. B. wie diese riechen oder schmecken). Hunde mit Autismus können große Probleme mit Veränderungen von Handlungsabläufen oder Details der Umgebung (wie etwa Veränderungen vom Platz des Hundebetts oder Wassernapfs oder der Möbel in der Wohnung, etc.) haben und zum Teil sehr stark auf diese Veränderungen reagieren.

337 Vossel, S., Mathys, C., Daunizeau, J., Bauer, M., Driver, J., Friston, K. J., Stephan, K.E. (2014). Spatial attention, precision, and Bayesian inference: A study of saccadic response speed. *Cerebral Cortex,* 24, 1436–1450.

338 Elison, J.T., Paterson, S.J., Wolff, J.J., Reznick, J.S., Sasson, N.J., Gu, H., … Piven, J. (2013). White matter microstructure and atypical visual orienting in 7-montholds at risk for autism. *American Journal of Psychiatry,* 170, 899–908.

Wenn die Verhaltenssymptome von ASS in erster Linie auf die Störungen des sozialen Motivationssystems zurückzuführen sind, kann das nur bei Arten stattfinden, die im Laufe ihrer Evolution vor ähnlichen Herausforderungen bei der Anpassung an die soziale Umwelt standen wie der Mensch. Autismus scheint speziell die Motivation für sozial-zugewandte Interaktionen zu beeinträchtigen. Diese Motivation ist eine eigene Kategorie neben anderen Arten sozialer Motivationen (sexuelle, elterliche usw.) und ist speziell mit den Bedürfnissen nach Zugehörigkeit, Zuneigung und sozialer Akzeptanz verbunden.

Vieles deutet darauf hin, dass Hunde nicht nur motiviert sind, sondern auch über eine einzigartige Kompetenz in der Interaktion mit Menschen verfügen und viele dieser sozialen Fähigkeiten speziell gegenüber Menschen und nicht gegenüber Artgenossen zeigen[339, 340]. Es scheint, dass die Motivationssysteme, die das auf Artgenossen gerichtete Sozialverhalten von Hunden steuern, sich von denen unterscheiden, die das auf den Menschen gerichtete Sozialverhalten steuern.

Die Autismus-Spektrum-Störung ist eine komplexe neurologische Entwicklungsstörung. Einige Forschungsarbeiten haben den Schwerpunkt vom kognitiven auf den sozial-motivationalen Aspekt verlagert (bei der sozialen Motivation geht es um die Tendenz, sich bevorzugt an sozialen Interaktionen zu orientieren, diese zu suchen und aufrechtzuerhalten). Die Theorie der sozialen Motivation bei Autismus[341] geht davon aus, dass ein Kernsymptom in einem verminderten Interesse und einer verminderten Motivation zur Teilnahme an sozialen Interaktionen liegt.

In diesem Rahmen bedeutet soziale Belohnung, dass sozialen Reizen ein positiver Wert beigemessen wird, während es bei der sozialen Aufrechterhaltung darum geht, dass der Hund motiviert ist, wiederholt und über einen längeren Zeitraum hinweg soziale Interaktionen zu suchen und beizubehalten. Soziale Orientierung beinhaltet psychologische Zustände und biologische Mechanismen, die den Hund dazu veranlassen, sich bevorzugt an der sozialen Welt zu orientieren, was sich 1) in einer angeborenen Aufmerksamkeit für Gesichter, 2) in einer erhöhten Sensibilität für die Augen und 3) in einer Vorliebe für soziale (im Gegensatz zu nicht-sozialen) Stimuli äußert[342]. Die Literatur zur Gesichtsverarbeitung bei Autismus deutet darauf hin, dass Menschen mit ASS im Gegensatz zu Menschen ohne ASS eine beeinträchtigte

339 Topál, J., Kis, A., Oláh, K. (2014). Dogs' sensitivity to human ostensive cues: A unique adaptation? In: J. Kaminski & S. Marshall-Pescini (Eds.), *The social dog: Behaviour and cognition* (pp. 319 – 346). London, England: Elsevier.

340 Worsley, H. K., O'Hara, S. J. (2018). Cross-species referential signalling events in domestic dogs *(Canis familiaris)*. *Animal Cognition,* 21, 457 – 465.

341 van Etten, H., Carver, L.J., 2015. Does impaired social motivation drive imitation deficits in children with autism spectrum disorder? *J. Autism Dev. Disord.* 2, 310 – 319. https://doi.org/10.1007/s40489-015-0054-9.

342 Galambos, Á., Petró, E., Nagy, B., Turcsán, B., Topál, J. (2021). The effects of social and non-social distracting stimuli on dogs with different levels of social competence–Empirical evidence for a canine model of autism. *Applied Animal Behaviour Science,* 244, 105451.

Gesichtsverarbeitung aufweisen[343]. Soziale Reize fesseln die Aufmerksamkeit schneller und lösen bei Kindern ohne ASS eine Präferenz gegenüber diesen aus – dieser Effekt ist jedoch bei autistischen Personen stark reduziert oder umgekehrt[344, 345].

Es gibt eine Fülle von Belegen für ein dem Menschen ähnelndem sozial-motiviertem Verhalten von Hunden. Beispiele für diese Mechanismen und Verhaltensweisen sind die Bevorzugung von Interaktionen mit Menschen gegenüber Artgenossen[346]; die Zuschreibung von Belohnungswerten zu vom Menschen gegebenen Hinweisen[347]; Ähnlichkeiten im oxytozinergen System[348]; die spontane Tendenz, Menschen anzuschauen[349]; eine Präferenz für die menschliche Augenregion[350]; der Publikumseffekt[351]; emotionale Diskriminierung[352]; und soziale Einflüsse[353]. Dies, in Kombination mit atypischen, ASS-ähnlichen Verhaltensweisen bei bestimmten Hunden[354], stärkt die Position, dass auch Hunde eine Form von Autismus-Spektrum-Störung aufweisen können.

343 z. B. Lawson, G., Webb, S.J., McPartland, J., 2005. Understanding the nature of face processing impairment in autism: insights from behavioral and electrophysiological studies. *Dev. Neuropsychol.* 27, 403 – 424. https://doi.org/10.1207/s15326942dn2703.

344 Klin, A., Jones, W., Schultz, R., 2002. Visual fixation patterns during viewing of naturalistic social situations as predictors of social competence in individuals with autism. *Arch. Gen. Psychiatry* 59 (9), 809 – 816. https://doi.org/10.1001/archpsyc.59.9.809.

345 Klin, A., Lin, D.J., Gorrindo, P., Ramsay, G., Jones, W., 2009. Two-year-olds with autism orient to nonsocial contingencies rather than biological motion. *Nature* 459 (7244), 257 – 261. https://doi.org/10.1038/nature07868.

346 Topál, J., Román, V., Turcsán, B. The dog *(Canis familiaris)* as a translational model of autism: It is high time we move from promise to reality. *WIREs Cogn. Sci.* 2019;10:e1495. https://doi.org/10.1002/wcs.1495

347 Miklosi, A., Kubinyi, E., Topal, J., Gacsi, M., Viranyi, Z., Csanyi, V., 2003. A simple reason for a big difference: wolves do not look back at humans but dogs do. *Curr. Biol.* 13, 763 – 766. https://doi.org/10.1016/S0960-9822(03)00263-X.

348 Kis, A., Ciobica, A., Topal, J., 2017. The effect of oxytocin on human-directed social behaviour in dogs *(Canis familiaris)*. *Horm. Behav.* 4, 40 – 52. https://doi.org/ 10.1016/j.yhbeh.2017.06.001.

349 Gacsi, M., Gyori, B., Miklosi, A., Viranyi, Z., Kubinyi, E., Topal, J., Csanyi, V., 2005. Species-specific differences and similarities in the behavior of hand-raised dog and wolf puppies in social situations with humans. *Dev. Psychobiol.* 47, 111 – 122. https://doi.org/10.1002/dev.20082.

350 Kis, A., Ciobica, A., Topal, J., 2017. The effect of oxytocin on human-directed social behaviour in dogs *(Canis familiaris)*. *Horm. Behav.* 4, 40 – 52. https://doi.org/ 10.1016/j.yhbeh.2017.06.001.

351 Kiss, O., Kis, A., Scheiling, K., Topal, J., 2020. Behavioral and neurophysiological correlates of dogs' individual sensitivities to being observed by their owners while performing a repetitive fetching task. *Front. Psychol.* 11, 1461. https://doi.org/ 10.3389/fpsyg.2020.01461.

352 Nagasawa, M., Murai, K., Mogi, K., Kikusui, T., 2011. Dogs can discriminate human smiling faces from blank expressions. *Anim. Cogn.* 14, 525 – 533. https://doi.org/ 10.1007/s10071-011-0386-5.

353 Marshall-Pescini, S., Prato-Previde, E., Valsecchi, P., 2011. Are dogs *(Canis familiaris)* misled more by their owners than by strangers in a food choice task? *Anim. Cogn.* 14, 137 – 142. https://doi.org/10.1007/s10071-010-0340-y.

354 Topal, J., Roman, V., Turcsan, B., 2019. The dog *(Canis familiaris)* as a translational model of autism: it is high time we move from promise to reality. *Wiley Interdiscip. Rev. Cogn. Sci.* 10, 1495. https://doi.org/10.1002/wcs.1495.

Ausgewählte Beispiele für die Parallelen zwischen Verhaltensmanifestationen von Autismus-Spektrum-Störungen (ASS) und potenziell relevanten, dem Menschen analogen sozial-kognitiven Fähigkeiten bei Hunden[355]

Verhaltensweisen Erscheinungsform	Befunde (potenziell ASD-relevante human-analoge sozial-kognitive Fähigkeiten)	Wie wurde es gemessen? (Studienreferenzen)
Bevorzugung von Angesicht zu Angesicht. Interaktionen und Blickkontakt	Selbst 5 Wochen alte Welpen zeigen eine spontane Tendenz, das Gesicht des Menschen anzuschauen (erhöhte Präferenz für Interaktionen von Angesicht zu Angesicht)	Die Hunde dürfen in einem unbekannten Raum frei explorieren in Anwesenheit von einem nicht mit ihnen interagierenden menschlichen Partner[356]
	Erwachsene Hunde erkunden visuell primär die Augenregion von menschlichen Gesichtern	Beobachtung menschlicher Gesichtsbilder (Eye-Tracking-Technologie)[357, 358]
Das Verständnis des referenziellen Schauens	Hunde folgen menschlichen Blicken und lenken diese selber auch auf Objekte etc.	Das Zielobjekt wird durch den Blick eines Menschen angezeigt (entweder reale Auswahlaufgabe[359] oder Blickverfolgung[360])
	Der Blickrichtung des Menschen folgend sind Hunde in der Lage einen Befehl oder eine Handlung auszuführen	Prüfung der Reaktion der Hunde auf Kommandos des Besitzers. Der Halter schaut den Hund, einen menschlichen Partner oder keinen von beiden an[361].

355 In Anlehnung an Topál J, Román V, Turcsán B. The dog *(Canis familiaris)* as a translational model of autism: It is high time we move from promise to reality. *WIREs Cogn. Sci.* 2019;10:e1495. https://doi.org/10.1002/wcs.1495 .

356 Gácsi, M., Győri, B., Miklósi, A., Virányi, Z., Kubinyi, E., Topál, J., Csányi, V. (2005). Species-specific differences and similarities in the behavior of hand raised dog and wolf puppies in social situations with humans. *Developmental Psychobiology,* 47, 111–122.

357 Kis, A., Ciobica, A., Topál, J. (2017). The effect of oxytocin on human-directed social behaviour in dogs *(Canis familiaris)*. *Hormones and Behavior,* 4, 40–52.

358 Somppi, S., Törnqvist, H., Hänninen, L., Krause, C., Vainio, O. (2014). How dogs scan familiar and inverted faces: An eye movement study. *Animal Cognition,* 17, 793–803.

359 Kaminski, J. (2009). Dogs *(Canis familiaris)* are adapted to receive human communication. In A. Berthoz & Y. Christen (Eds.), *Neurobiology of Umwelt: How living beings perceive the world* (pp. 103–107). Berlin, Germany: Springer Verlag.

360 Téglás, E., Gergely, A., Kupán, K., Miklósi, A., & Topál, J. (2012). Dogs' gaze following is tuned to human communicative signals. *Current Biology,* 22, 209–212.

361 Virányi, Z., Topál, J., Gácsi, M., Miklósi, A., Csányi, V. (2004). Dogs respond appropriately to cues of humans' attentional focus. *Behavioural Processes,* 66, 161–172.

Richtungsweisende Gesten als Signale, die auf ein Zielobjekt zeigen	Hunde verfügen über ein beeindruckendes Repertoire zum Verständnis gestischer Hinweise zur Kommunikation und Interaktion mit Menschen	Kodierung von Heimvideobändern mit alltäglichen kommunikativen Gesten vom Hund zu seinem Menschen (z. B. das Bitten um Essen, das Öffnen von Türen, Spielaufforderung, etc.)[362]
Soziale Referenzierung (Aufnahme von Hinweisen anderer, um eigene Reaktionen auf bestimmte Ereignisse anzupassen)	Hunde nutzen die Referenzen eines Informanten und die emotionalen Botschaften um ihr eigenes Verhalten in Bezug auf ein Objekt/eine externe Situation zu steuern	Den Hunden wird ein potenziell beängstigendes Objekt in Anwesenheit ihres Halters oder eines Fremden gezeigt. Der menschliche Informant zeigt entweder eine negative oder positive emotionale Reaktion gegenüber dem Objekt[363]
Soziales Lernen durch Nachahmung	Hunde sind in der Lage menschliches Verhalten flexibel nachzuahmen (sowohl körperorientierte z. B. Do as I Do als auch manipulative Handlungen – an irgendetwas ziehen etc.), auch nach einer Verzögerung (verzögerte Nachahmung) und können die Nachahmung über mehrere Kontexte verallgemeinern. Sie sind in der Lage die Ziele anderer zu erkennen und ihr Verhalten entsprechend anzupassen.	Do as I Do-Methode – sie ahmen das Verhalten oder eine Bewegung einer vorgemachten Aktion nach[364].
Publikumseffekt (der Einfluss der bloßen Anwesenheit des menschlichen Partners auf das Verhalten des Hundes)	Hunde neigen dazu, die Erwartungen des Menschen zu erfüllen (z. B. verbotenes Futter nicht essen) und zeigen beschwichtigende Verhaltensweisen, wenn sie für den Verzehr eines verbotenen Leckerbissens gescholten werden.	Ein Stück Essen wird auf einen Teller gelegt und der Versuchsleiter verbietet dem Hund, es zu nehmen. Der Hund wird entweder allein gelassen oder ein Mensch bleibt anwesend[365]

362 Worsley, H. K., O'Hara, S. J. (2018). Cross-species referential signalling events in domestic dogs *(Canis familiaris)*. *Animal Cognition,* 21, 457–465.
363 Merola, I., Prato-Previde, E., Marshall-Pescini, S. (2012). Social referencing in dog-owner dyads? *Animal Cognition,* 15, 175–185.
364 Fugazza, C., Miklósi, A. (2014). Deferred imitation and declarative memory in domestic dogs. *Animal Cognition,* 17, 237–247.
365 Kaminski, J., Pitsch, A., Tomasello, M. (2013). Dogs steal in the dark. *Animal Cognition,* 16, 385–394.

Emotionen erkennen und synchronisieren	Hunde sind sensibel für die Emotionen menschlicher Gesichtsausdrücke	Hunde unterscheiden zwischen freundlichen, wütenden und neutralen Gesichtsausdrücken ihres Halters auf Fotos[366] oder mithilfe von Augen Tracking-Technologie als Reaktion auf Bilder von menschlichen Gesichtern[367]
	Hunde sind in der Lage, zwischen positiven und negativen Emotionen menschlicher Gesichter und Geräuschen zu unterscheiden. Sie zeigen auch emotionale Ansteckung bei der Reaktion auf negative Geräusche (Weinen) oder Gesichtsausdrücke	Den Hunden werden verschiedene Gesichtsausdrücke und/oder emotional aufgeladene menschliche Geräusche präsentiert[368]
Soziale Konformität (Anfälligkeit für sozialen Einfluss)	Hunde zeigen spontan ein scheinbar sinnloses Verhalten (einen kurzen Umweg machen), nachdem sie dieses bei ihrem Halter beobachtet haben.	Beobachtungen von Hundespaziergängern: Besitzer werden gebeten, eine neue Gewohnheit zu entwickeln – einen kurzen Umweg zu machen, bevor sie das Haus betreten[369]
	Hunde zeigen eine Tendenz sich der Entscheidung des Menschen anzupassen, selbst wenn diese kontraproduktiv ist (z. B., sie ignorieren ihre natürliche Vorliebe für eine größere Menge an Nahrung)	Mengenunterscheidungsaufgabe: Hunde haben eine Wahl zwischen großer und kleiner Nahrungsmenge. Hunde dürfen wählen, nachdem sie beobachtet haben, dass der Versuchsleiter eine Vorliebe für die kleinere Nahrungsmenge zeigt[370].

366 Nagasawa, M., Murai, K., Mogi, K., Kikusui, T. (2011). Dogs can discriminate human smiling faces from blank expressions. *Animal Cognition,* 14, 525 – 533.

367 Barber, A. L. A., Randi, D., Müller, C. A., Huber, L. (2016). The processing of human emotional faces by pet and lab dogs: Evidence for lateralization and experience effects. *PLoS One,* 11(4), e0152393.

368 Albuquerque, N., Guo, K., Wilkinson, A., Resende, B., Mills, D. S. (2018). Mouth-licking by dogs as a response to emotional stimuli. *Behavioural Processes,* 146, 42 – 45.

369 Kubinyi, E., Miklósi, A., Topál, J., Csányi, V. (2003). Social mimetic behaviour and social anticipation in dogs: Preliminary results. *Animal Cognition,* 6, 57 – 63.

370 Marshall-Pescini, S., Prato-Previde, E., Valsecchi, P. (2011). Are dogs *(Canis familiaris)* misled more by their owners than by strangers in a food choice task? *Animal Cognition,* 14, 137 – 142.

Studien haben genomische Regionen identifiziert, die mit dem Menschen zugewandte sozialen Verhaltensweisen bei Hunden in Verbindung gebracht werden[371] und eine experimentelle Untersuchung von Verhaltensvariationen bei Bullterriern ergab Verhaltens- und endokrine Phänotypen, die dem menschlichen Autismus ähneln[372]. Insbesondere das Schwanzjagen bei Bullterriern könnte ein Hinweis auf autismusähnliche Verhaltensweisen sein: Dieses stereotype Verhalten steht in engem Zusammenhang mit Halter-gerichteter Aggression, Trancing, sozialem Rückzug und ständiger Fokussierung auf bestimmte Objekte. Darüber hinaus fällt es diesen Hunden schwer, Stresssituationen angemessen zu bewältigen. Die Ergebnisse einer Umfrage unter Hundebesitzern zum Sozialverhalten von Zwerg- und Standardpudeln deuten ebenfalls auf autismusrelevante Verhaltensweisen in kleineren Untergruppen dieser Rassen hin[373]. Zu den klinischen Anzeichen von dysfunktionalem Verhalten bei Hunden gehören beispielweise antisoziales Verhalten: die Hunde suchen keine Interaktionen/Spiel/Aufmerksamkeit mit oder von ihrem Halter und/oder anderen Hunden. Häufig zeigen sie Aspekte von zwanghaftem Verhalten wie Kreiseln, Schwanzjagen oder Pfotenkauen und sie haben Kommunikations- sowie emotionale Einschränkungen: Hunde sind möglicherweise nicht in der Lage, ihre Gefühle oder Stimmungen auszudrücken. Sie wedeln zum Beispiel nicht, wenn sie glücklich sind. Rüden sind häufiger betroffen als Hündinnen[374]. Auch beim Menschen sind Männer häufiger von ASS betroffen als Frauen.

Hunde mit verschiedenen Niveaus sozialer Kompetenz zeigen unterschiedliche Leistungen im sozialen Motivationsverhalten. Drei Faktoren erfassen verschiedene Facetten der sozialen Kompetenz der Hunde: (i) die Suche nach sozialem Kontakt mit menschlichen Bezugspersonen und die Anfälligkeit für emotionale/verhaltensbezogene Ansteckung, (ii) die Suche nach sozialem Kontakt mit Fremden und (iii) die Reaktionsfähigkeit auf menschliche Kommunikationssignale, sowie die Tendenz, soziale Interaktionen mit Menschen zu initiieren. Ein Test besteht darin, wie Hunde auf visuelle soziale bzw. nicht-soziale Ablenkungsreize reagieren. Der Grundgedanke der Untersuchung der visuellen Aufmerksamkeit wurde durch die Theorie des sozialen Motivationsdefizits bei Autismus-Spektrum-Störungen angeregt, die davon ausgeht, dass der Kern der ASS in einer gestörten sozialen Motivation liegt[375] und hier insbesondere das hervorstechende, soziale Reize bei normal entwickelten Individuen

371 Persson, M. E., Wright, D., Roth, L. S. V., Batakis, P., Jensen, P. (2016). Genomic regions associated with interspecies communication in dogs contain genes related to human social disorders. *Scientific Reports,* 6, 33439.

372 Tsilioni, N., Dodman, N., Petra, A. I., Taliou, A., Francis, K., Moon-Fanelli, A., … Theoharides, T. C. (2014). Elevated serum neurotensin and CRH levels in children with autistic spectrum disorders and tail-chasing Bullterriers with a phenotype similar to autism. *Translational Psychiatry,* 4, e466.

373 Zamzow, R. M., Lit, L., Hamilton, S., Beversdorf, D. Q. (2017). Characterizing autism-relevant social behavior in poodles *(Canis familiaris)* via owner report. *Journal of Comparative Psychology,* 131, 139 – 149.

374 Moon-Fanelli, A. A., Dodman, N. H., Famula, T. R., Cottam, N. (2010). Characteristics of compulsive tail chasing and associated risk factors in Bullterriers. *Journal of the American Veterinary Medical.*

375 Chevallier, C., Kohls, G., Troiani, V., Brodkin, E.S., Schultz, R.T., 2012. The social motivation theory of autism. *Trends Cogn. Sci.* 16 (4), 231 – 239. https://doi.org/ 10.1016/j.tics.2012.02.007.

asymmetrisch verarbeitet werden – nicht aber bei Individuen mit ASS[376]. Diese zeigen eine dysfunktionale, unselektive, undifferenzierte Reaktion auf soziale (Gesicht) im Vergleich zunicht-sozialen (Buch) Reizen. Hunde mit geringer sozialer Kompetenz (die das kognitiv-verhaltensbezogene Profil von Menschen mit ASS widerspiegeln) zeigen systematische Unterschiede verglichen mit hochkompetenten Hunden in Bezug darauf, wie sie auf soziale bzw. nicht-soziale Ablenkungsreize in einer visuellen Aufmerksamkeitsaufgabe reagieren. Hunde mit höherer sozialer Kompetenz in den Bereichen Kontaktsuche, emotionale und Verhaltensansteckung wurden asymmetrisch durch einen sozialen Reiz, z. B. ein Gesicht, im Gegensatz zu einem nicht-sozialen wie einem Buch, abgelenkt.

Mit anderen Worten: Hunde mit geringerer sozialer Kompetenz (d. h. mit einem autismusähnlichen Profil) zeigen diese Verhaltensunterschiede in geringerem Maße – ein Ergebnis, das mit der den sozial-motivationalen Aspekt von Menschen mit Autismus-Spektrum-Störung übereinstimmt[377]: Hunde mit geringerer sozialer Kompetenz schenken Gesichtern keine bevorzugte Aufmerksamkeit – für sie sind Gesicht und Buch gleichwertig – und sie verarbeiten somit soziale Reize auf dysfunktionale Weise.

Es ist wichtig anzumerken, dass es aufgrund des vielschichtigen Charakters von ASS (nicht-soziale Symptome umfassen Überempfindlichkeit gegenüber Reizen, schlechte Impulskontrolle und unflexible, sich wiederholende Verhaltensweisen) und aufgrund der Tatsache, dass ASS entlang eines Kontinuums der Symptomschwere liegt, nahezu unmöglich ist, eine einzige Theorie zu finden, die ASS als Ganzes erfasst.

376 z. B. Blake, R., Turner, L.M., Smoski, M.J., Pozdol, S.L., Stone, W.L., 2003. Visual recognition of biological motion is impaired in children with autism (doi.org/). *Psychol. Sci.* 14 (2), 151 – 157. https://doi.org/10.1111/1467-9280.01434.

377 Adams, N.C., Jarrold, C., 2012. Inhibition in autism: children with autism have difficulty inhibiting irrelevant distractors but not prepotent responses. *J. Aut. Dev. Disord.* 42, 1052 – 1063. https://doi.org/10.1007/s10803-011-1345-3.

4.

Depressionen

Die pharmakologische Forschung zu Medikamenten gegen Depressionen beim Menschen findet an Tieren statt. Das wäre wenig sinnvoll, wenn Tiere keine entsprechenden Symptome zeigen würden. Die an Depressionen beteiligten Hirnstrukturen gibt es bei Menschen wie bei Hunden[379]. Auch beteiligte Neurotransmitter wie Serotonin und Dopamin gibt es bei beiden und sie haben vergleichbare Funktionen[380]. Depressionen zeigen sich in unterschiedlichen Formen und Ausprägungen. Die Auslöser sind mannigfaltig und häufig nicht klar abgrenzbar. In der Regel spielen bei Hund und Mensch mehrere Faktoren zusammen. Erbliche Veranlagung, Stress, erhebliche körperliche und seelische Belastungen, Verlusterfahrungen, Alterungsprozesse oder körperliche Krankheiten begünstigen die Entwicklung einer Depression.

Diagnosekriterien Depression nach der American Psychiatric Association (DSM-5)

Die Major Depressive Disorder wird nach einzelner oder rezidivierender Episode, nach dem aktuellen Schweregrad und nach dem Vorliegen psychotischer Symptome eingeteilt. Der DSM-5 fordert für das Vorliegen einer depressiven Episode mindestens fünf Symptome:

- Allgemeine körperliche Abgeschlagenheit, Mattigkeit;
- Schlafstörungen (Ein- und Durchschlafstörungen);
- Appetitstörungen, Gewichtsverlust, Obstipation, Diarrhöe;
- diffuser Kopfschmerz;
- funktionelle Störungen von Herz und Kreislauf (z. B. Tachykardie, Arrhythmie, Synkopen), Atmung (z. B. Dyspnoe), Magen und Darm Störungen;
- Schwindelgefühle, Sehstörungen;
- Muskelverspannungen, diffuse Nervenschmerzen;
- Libidoverlust, Sistieren der Menstruation, Impotenz, sexuelle Funktionsstörungen;
- Gedächtnisstörungen

Risikofaktoren für eine depressive Störung

- Frühere depressive Episoden;
- bipolare oder depressive Störungen in der Familiengeschichte;
- komorbide somatische Erkrankungen;
- aktuell belastende Lebensereignisse;
- Mangel an sozialer Unterstützung.

379 Kormos, V., Gaszner, B. (2013). Role of neuropeptides in anxiety, stress, and depression: From animals to humans. *Neuropeptides* 47 (2013) 401–419. https://pubmed.ncbi.nlm.nih.gov/24210138.
380 Overstreet, D.H. (2011). Modeling Depression in Animal Models. *Psychiatric Disorders*, pp 125–144.

Depressive Symptome kommen häufig im Rahmen von Angst- und Panikstörungen vor. Viele Erkrankungen (wie z. B. Tumorerkrankungen, muskuloskelettale, endokrinologische, kardiovaskuläre und pulmonale Erkrankungen, metabolische Störungen, Allergien, Infektionserkrankungen, Hirnerkrankungen) können mit depressiven Symptomen verbunden sein.

Bezüglich der Zeitdauer gilt nach ICD-10[381], dass (leichte, mittelgradige oder schwere) depressive Episoden zumindest 14 Tage angedauert haben müssen, um die entsprechende Diagnose bei Vorliegen der Kriterien stellen zu können.

Hauptsymptome depressiver Episoden sind nach der ICD-10

- depressive, gedrückte Stimmung;
- Interessenverlust und Freudlosigkeit;
- Verminderung des Antriebs mit erhöhter Ermüdbarkeit (oft selbst nach kleinen Anstrengungen) und Aktivitätseinschränkung.

Zusatzsymptome sind nach ICD-10):

1. verminderte Konzentration und Aufmerksamkeit;
2. vermindertes Selbstwertgefühl und Selbstvertrauen;
3. negative und pessimistische Zukunftsperspektiven;
4. Schlafstörungen;
5. verminderter Appetit

Typische Merkmale des somatischen Syndroms sind:

1. Interessenverlust oder Verlust der Freude an normalerweise angenehmen Aktivitäten;
2. mangelnde Fähigkeit, auf eine freundliche Umgebung oder freudige Ereignisse emotional zu reagieren;
3. frühmorgendliches Erwachen, zwei oder mehr Stunden vor der gewohnten Zeit;
4. Morgentief;
5. der objektive Befund einer psychomotorischen Hemmung oder Agitiertheit;
6. deutlicher Appetitverlust;
7. Gewichtsverlust, häufig mehr als 5 % des Körpergewichts im vergangenen Monat;
8. deutlicher Libidoverlust.

381 ICD-10 steht für «International Statistical Classification of Diseases and Related Health Problems». Oder ins Deutsche übersetzt: Internationale Klassifikation der Krankheiten. Die „10" besagt, dass es sich dabei um die 10. Ausgabe handelt. ICD-10 ist eine internationale Klassifikation der Krankheiten und verwandten Gesundheitsproblemen, die von der Weltgesundheitsorganisation herausgegeben wird.

Bei Depressionen variieren die depressiven Symptome und Störungen nach Häufigkeit, Art, Schwere und Verlauf. Risiko- und Schutzfaktoren wie körperliche Gesundheit, Resilienz, Stresserleben sowie soziale Unterstützung und auch die damit verbundene Häufigkeit und Schwere, die Folgen und Chronizität der Depression sind bei Hundepopulationen nicht gleich verteilt[382]. Für die Prävention und Versorgung von Depressionen ist daher die Beeinflussbarkeit dieser Faktoren von besonderer Bedeutung. Auch Schwankungen der Sexualhormone tragen offenbar dazu bei, das Gefühlsleben mehr oder weniger stark zu beeinträchtigen (Läufigkeit, aber auch das Setzen eines Hormonchips).

Entstehung

Depressionen können entstehen und werden beeinflusst durch genetische Veranlagung, das Geschlecht des Hundes, gestörte Botenstoffwechsel im Gehirn, aversive Trainingsmethoden, sexuelle, emotionale, physische und/oder psychische Gewalt, erlernte Hilflosigkeit, zu frühe/traumatische mütterliche Trennung, und durch viele oder langanhaltende Stressoren, hier insbesondere negative Erlebnisse/Traumata. Besonders frühe traumatische Erfahrungen, die mit langfristigen Veränderungen der neuroendokrinen Reaktionsfähigkeit auf Stress einhergehen spielen bei der Entstehung von Depressionen eine wichtige Rolle. Hinzukommen auch daraus resultierende Schwierigkeiten im Bereich der Emotions- und Verhaltensregulation, ein nicht zielführender Bewältigungsstil und ein Hang zum Pessimismus. Ebenso führen chronische Schmerzen und ein Mangel an geistiger oder körperlicher Stimulation vielfach zu depressiven Zuständen oder verstärken diese.

Pränatale Einflüsse

Da neugeborene Welpen nur eine sehr begrenzte Bewegungsfähigkeit haben, ist die Interaktion mit der Mutter für ihr Überleben, ihre Ernährung und ihren Schutz unerlässlich. Sie ist auch ein wichtiges Element des Bindungsprozesses zwischen Welpen und Hündin und spielt eine Rolle für die soziale Entwicklung der Welpen. Es wurde gezeigt, dass die Charaktereigenschaften erwachsener Hunde durch mütterliche, wurfbezogene und saisonale Variablen, die sie in der frühen Lebensphase erfahren haben, beeinflusst werden. Die Ereignisse in den frühen Entwicklungsphasen, die bereits in der Gebärmutter beginnen, haben tiefgreifende und lebenslange Auswirkungen auf die psychologischen und verhaltensbezogenen Merkmale eines Hundes. Studien deuten darauf hin, dass erhöhte Stresshormone in der Gebärmutter zu

382 Berns, G. How Dogs Love Us: A Neuroscientist and His Dog Decode the Canine Brain. Brunswick, Victoria Scribe; 2014.

einer Dysregulation der Hypothalamus-Hypophysen-Nebennieren-Achse (HPA), zu Funktionsstörungen und zu schlechten Bewältigungsfähigkeiten im späteren Leben der Welpen führen. Bei Hunden zeigen sich negative Veränderungen wie erhöhte Ängstlichkeit und **Überreaktivität**, eine beeinträchtigte Anpassung an Konfliktsituationen sowie kognitive Veränderungen wie Lerndefizite und eine verringerte Aufmerksamkeitsspanne.

Aufgrund der Empfindlichkeit des sich schnell entwickelnden Säugetiergehirns können physiologische Veränderungen im fötalen Umfeld durch den mütterlichem Stress verursacht werden und langfristige Auswirkungen auf psychologische Funktionenhaben. Diese können sich später im Leben in einer Vielzahl pathologischer psychischer Gesundheits- und Verhaltenserscheinungen zeigen:

Mütterlicher Stress ist mit negativen Auswirkungen bei den Welpen verbunden

- beeinträchtigte Fähigkeit zur Stressbewältigung
- schlechtes adaptives Sozialverhalten
- erhöhte Ängstlichkeit und Emotionalität
- vermindertes Erkundungsverhalten
- Depression

Postnatale Einflüsse

Postnatale Einflüsse von Umweltreizen auf das spätere Verhalten beginnen in den ersten 12 Lebenstagen des Hundes. Ein gewisses Maß an Stress ist in dieser Zeit erwünscht. Milde Stressoren wirken sich positiv auf die neuronale Entwicklung aus und verbessern langfristig die Fähigkeit der Tiere, mit Stress umzugehen. Bei Hunden erwiesen sich neugeborene Welpen, die der Stimulation durch sanftes Anfassen ausgesetzt und später getestet wurden, als emotional stabiler und explorativer als nicht stimulierte Kontrollhunde[383]. Trotz der positiven Auswirkungen von leichtem Stress während dieser Zeit gibt es einen Punkt, an dem Stress übermäßig und schädlich wird und sich in Form von instabilen sozialen Beziehungen, Angstzuständen und depressiven Verstimmungen sowie psychopathologischen Folgen einschließlich posttraumatischer Belastungsstörungen (PTSD) auswirken kann.

Eine weitere kritische Phase in der Verhaltensentwicklung ist die Entwöhnung. In der Natur ist die Entwöhnung von Säugetierjungen ein relativ langsamer Prozess, der die allmähliche Entwicklung der Unabhängigkeit der Jungen von der Milchversorgung

383 Gazzano, A., C. Mariti, L. Notari, C. Sighieri, E.A. McBride: Effects of early gentling and early environment on emotional development of puppies. *Appl. Anim. Behav. Sci.* (2008) 110:294–304

der Mutter und der damit verbundenen mütterlichen Fürsorge beinhaltet. Dies steht im Gegensatz zur typischen Situation in der kommerziellen Hundezucht, in der eine abrupte Trennung der Welpen von ihren Müttern in einem Alter erfolgt, in dem die Welpen häufig noch säugen. Als Stressor kann die frühe mütterliche Trennung verschiedene Prozesse auszulösen, die sich nachteilig auf die Verhaltensentwicklung der Jungtiere auswirken und zu psychischen Auffälligkeiten führen kann. Dabei kann die Trennung selber als traumatisch empfunden werden, der durch die Trennung ausgelöste Stress kann die Fähigkeit des Welpen beeinträchtigen, mit zusätzlichen Stressoren umzugehen, was sich noch verschlimmert, wenn der Welpe die stressabmildernde Wirkung nicht nur seiner Mutter, sondern auch seiner Wurfgeschwister und der häuslichen Umgebung verliert; und eine frühe Trennung verringert das Ausgesetztsein gegenüber Reizen und Rückmeldungen, die für das Lernen im Zusammenhang mit der Entwicklung von akzeptablem Verhalten erforderlich sind.

(Übermäßiger) Stress des Welpen und die möglichen Folgen

- Auswirkungen in Form von instabilen sozialen Beziehungen
- Angstzustände
- depressive Verstimmungen
- vermindertes Erkundungsverhalten
- beeinträchtigte Anpassung an Konflikt- oder Problemsituationen
- latente Hemmung (ein Modell für Schizophrenie und Depression beim Menschen)
- kognitive Veränderungen einschließlich Lerndefiziten und verringerter Aufmerksamkeitsspanne.

Physische und psychische Erfahrungen können tiefgreifende Auswirkungen auf den sich entwickelnden Organismus haben, sowohl positive als auch negative. Eine umfangreiche Literatur zeigt, dass Stress während der prägenden Phasen der neuronalen Entwicklung, von der pränatalen Phase bis zur Adoleszenz, einen großen Einfluss auf das Hundeverhalten hat und dass diese Auswirkungen anhaltend und oft lebenslang präsent sind.

Im Schaubild ist dargestellt, wie viele Komponenten einen Einfluss auf die Entstehung, die Stärke und Dauer einer Depression bei Hund und Mensch haben.

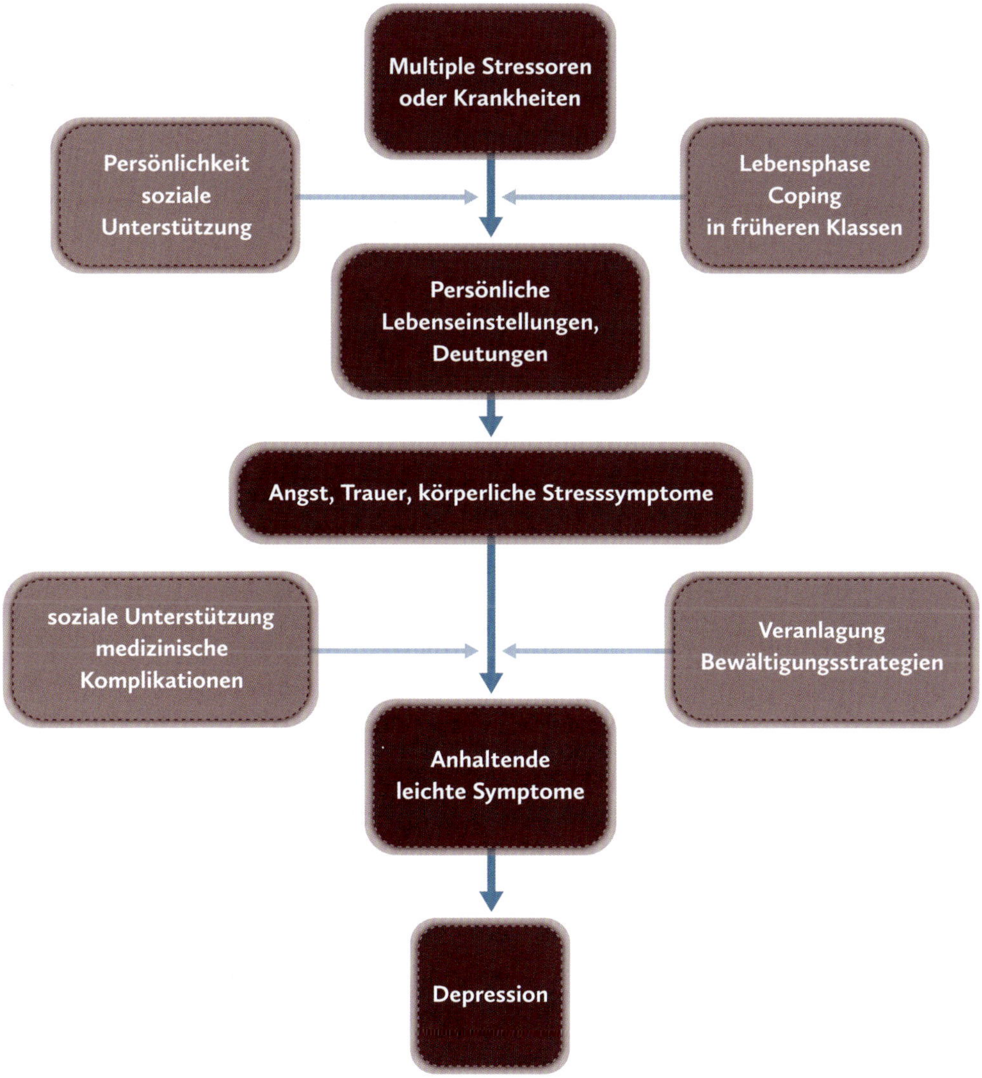

Im Laufe der Jahre wurden verschiedene Bedingungen untersucht, die wir heute als wesentlich für eine gesunde Entwicklung betrachten: die Sozialisierung der Welpen in den ersten Lebenswochen, die Genetik und Epigenetik sowie die Haltungsbedingungen, eine optimale, dem Entwicklungsstand des individuellen Hundes angepasste Umgebung, die Dauer der Mutter-Welpen-Interaktion und das Alter der Welpen zum Zeitpunkt der Abgabe.

Es ist unbestreitbar wichtig, die Herkunft eines Welpen und die Merkmale der Zuchtanlage und des Züchters zu kennen, da die Auswirkungen der frühen Erfahrungen Hunde im Erwachsenenalter nachhaltig beeinflussen. Auch die Qualität sozialer Zugehörigkeit und Beziehungen stehen nachweislich mit Angst- und Stimmungsstörungen in Verbindung. Desgleichen spielen Grunderkrankungen des Hundes (z. B. Diabetes) und Entwicklungsfaktoren (psychosoziale Faktoren) eine wichtige Rolle. Ferner sind äußere Einflüsse wie Lichtmangel; Einsamkeit und Isolation (räumlich & zeitlich & sozial) zum Beispiel durch Boxenhaltung, Störung der zirkadianen Rhythmen, Veränderungen im Haushalt durch z. B. ein neues Familienmitglied (Mensch oder Haustier), oder der Veränderung der Arbeitsroutine, z. B. Bezugsperson geht nach längerem Aufenthalt zu Hause wieder zur Arbeit, wesentliche Indikatoren.

Was heißt das für Ihren Hund? Die Verringerung von Stressfaktoren, die zu langanhaltenden Verhaltensstörungen und emotionalen Problemen beitragen, sollten bereits in der pränatalen Phase bei der Mutterhündin beginnen. Für die Welpen sollte ein hochwertiges Sozial- und Enrichmentprogramm eingeführt werden, das spätestens im Alter von drei Wochen beginnt und bis zum Ende der Sozialisierungsphase fortgesetzt wird. Welpen verlassen ihre Mutter und Geschwister erst ab der 12. bis zur 16. Woche. Um den mütterlichen Beitrag zu einer problematischen Verhaltensentwicklung zu verringern, sollten auch die Muttertiere an solchen Programmen teilnehmen.

Bindung

Zentral beeinflusst die Mensch-Hund-Bindung die Anfälligkeit für Depressionen. Verunsicherung, unsicherer Bindungsstrukturen und chronische Deprivationserlebnisse (Verlust von Bindungspartnern durch Tod oder Trennung) können Depressionen beim Hund verursachen oder intensivieren.

Die Bindungstheorie wurde erstmals von Bowlby[384] vorgeschlagen, um zu erklären, wie Säuglinge eine emotionale Bindung zu ihren primären Bezugspersonen aufbauen. Ainsworth[385] verfeinerten die Bindungstheorie, indem sie vier verschiedene Bindungsstile unterschied: (1) sichere, (2) ambivalent-vermeidende, (3) unsicher-vermeidende und (4) desorganisierte Bindung.

Das Bindungsmodell wird auch auf Hunde angewandt.

384 Bowlby, J. The nature of the child's tie to his mother. *The International Journal of Psychoanalysis.* 1958;39:350–73.
385 Ainsworth, M.D.S. The Bowlby-Ainsworth attachment theory. *Behavioral and Brain Sciences.* 1978;1:436–8.

Die American Veterinary Medical Association (2020)[386] erweitert diese Definition, indem sie hinzufügt, dass diese Beziehung „beeinflusst wird durch Verhaltensweisen, die für die Gesundheit und das Wohlbefinden beider wesentlich sind. Dazu gehören emotionale, psychologische und physische Interaktionen von Menschen, Tieren und der Umwelt".

Die Beziehung zwischen (Haus-)Hunden und ihren menschlichen Bezugspersonen weist eine bemerkenswerte Ähnlichkeit mit der Bindung zwischen Säuglingen und ihren Müttern auf: Hunde sind von der menschlichen Fürsorge abhängig, und ihr Verhalten scheint speziell darauf ausgerichtet zu sein, das Fürsorgesystem ihres menschlichen Partners anzusprechen.

Um echte Bindung von anderen Bindungsformen zu unterscheiden, sind vier Verhaltenskriterien benannt[387]:

(a) Aufrechterhaltung der Nähe zur Bezugsperson und Widerstand gegen die Trennung von ihr (Aufrechterhaltung der Nähe);

(b) das Gefühl der Verzweiflung bei unfreiwilliger Trennung von der Bindungsperson (Trennungsangst);

(c) Nutzung der Bezugsperson als Basis für die angstfreie Erkundung der Umgebung (sichere Basis); (d) Aufsuchen der Bezugsperson für Kontakt und Sicherheit in Zeiten emotionaler Not (sicherer Hafen).

Forscher fanden bei Hunden eindeutige Hinweise auf alle vier Bindungskriterien[388]. Zudem ist der sichere Basis Effekt bei Hunden spezifisch auf ihre Bezugsperson abgestimmt[389].

Hunde entwickeln typischerweise sichere Bindungsstile, wenn ihre Bezugsperson angemessen und feinfühlig auf ihre Bedürfnisse eingeht und einem Gleichgewicht zwischen Schutz und Trost, aber auch Sicherheit zur Erkundung bietet. Ausgehend von einer angeborenen Bereitschaft des Hundes, bei ausgewählten Bezugspersonen Schutz und Trost zu suchen, entwickelt sich Bindung als äußeres Reaktionsmuster des Hundes auf den tatsächlichen oder den drohenden Verlust seiner Bezugsperson und deren mentale Repräsentation als inneres Arbeitsmodell.

386 https://www.avma.org/

387 Ainsworth, M. D. S. Bell, S. M. Attachment, exploration, and separation: Illustrated by the behavior of one-year-olds in astrange situation. *Child Dev.* 41, 49 – 67 (1970).

388 Topál, J., Miklósi, Á., Csányi, V., Dóka, A. Attachment behavior in dogs *(Canis familiaris)*: A new application of Ainsworth's (1969) Strange Situation Test. *J. Comp. Psychol.* 112, 219 – 229 (1998).

389 Gácsi, M., Maros, K., Sernkvist, S., Miklósi, Á. Does the owner provide a secure base? Behavioral and heart rate response toa threatening stranger and to separation in dogs. *J. Vet. Behav.* 4, 90 – 91 (2009).

Vermeidende Bindung resultiert aus Bezugspersonen, die den Hund häufig zurückweisen, und desorganisierte Bindung ist vermutlich eine Folge von Missbrauch und Trauma. Bowlby[390] nahm an, dass die Bindung, die ein Kind zu seiner Bezugsperson aufbaut, interne Arbeitsmodelle für enge Beziehungen im späteren Leben schafft. In der Tat zeigt die Forschung, dass der Bindungsstil über die gesamte Lebensspanne hinweg relativ stabil ist[391].

Unsichere Bindung wird mit schlechter psychischer Gesundheit in Verbindung gebracht, während sichere Bindung mit Wohlbefinden und guter psychischer Gesundheit korreliert[392]. Unsichere Bindungsstile gehen zudem bei Mensch und Hund häufig mit einer Reihe von psychischen Störungen einher, z. B. mit Depressionen[393], Zwangsstörungen[394], Essstörungen[395] und Angststörungen[396].

Eine Beziehung wird als Bindung bezeichnet, wenn der Hund den Menschen erkennt (individuelle Unterscheidung), er ihn bei Erkundung und Gefahr als sichere Basis betrachtet (secure base effect) und bei der Begegnung nach stressbelasteter Trennung den Menschen begrüßt und dann ein entspannteres Verhalten zeigt. Das Bindungsverhalten des Hundes ist geprägt von inneren und äußeren Faktoren; diese bestimmen, inwieweit er die Nähe zu seiner Bezugsperson sucht und aufrechterhält und ob und in welchem Maße er erkundendes Verhalten zeigt.

390 Bowlby, J. Attachment and loss: Volume II: Separation, anxiety and anger. In: *Attachment and loss:* Volume II: Separation, anxiety and anger. London: The Hogarth press and the institute of psycho-analysis; 1973. p. 1–429.

391 Hazan, C., Shaver, P. Romantic love conceptualized as an attachment process. *Journal of Personality and Social Psychology.* 1987; 52:511–24.

392 Surcinelli, P., Rossi, N., Montebarocci, O., Baldaro, B. Adult Attachment Styles and Psychological Disease: Examining the Mediating Role of Personality Traits. *The Journal of psychology.* 2010; 144:523–34.

393 Shaver, P.R., Schachner, D.A., Mikulincer, M. Attachment Style, Excessive Reassurance Seeking, Relationship Processes, and Depression. *Personality and Social Psychology Bulletin.* 2005; 31:343–59.

394 Myhr, G., Sookman, D., Pinard, G. Attachment security and parental bonding in adults with obsessive-compulsive disorder: A comparison with depressed out-patients and healthy controls. Acta Psychiatrica Scandinavica. 2004; 109:447–56.

395 Tasca, G.A., Balfour, L. Attachment and eating disorders: A review of current research. *International Journal of Eating Disorders.* 2014; 47:710–7.

396 Bifulco, A., Kwon, J., Jacobs, C., Moran, P.M., Bunn, A., Beer, N. Adult attachment style as mediator between childhood neglect/abuse and adult depression and anxiety. *Social psychiatry and psychiatric epidemiology.* 2006; 41:796–805.

Übersicht der Bindungstypen und Verhalten der Bindungspartner Mensch & Hund

Bindungstyp	Hund	Mensch
Sicher	Hunde zeigen ein Wechselspiel zwischen Nähe zur Bezugsperson und Erkundung, das heißt die Hunde nutzen ihre Bezugsperson als „sichere Basis“. Im Falle objektiv vorhandener oder subjektiv erlebter Gefahr (Angst, Bedrohung, Schmerz) sucht er Schutz und Beruhigung bei seiner Bezugsperson. Nähe zur Bindungsperson mit Blick- und/oder körperlichem Kontakt über eine kurze Zeit beendet i. d. R. bindungssuchendes Verhalten	Bezugspersonen von Hunden mit „sicherer“ Bindung gehen einfühlsam und feinfühlig auf das Bindungsverhalten ihrer Hunde ein und gewähren ihnen Nähe und Schutz. Gleichzeitig unterstützten sie entwicklungsangemessen ihre Hunde beim Erkunden der Umwelt.
Unsicher-Vermeidend	Hunde beschäftigen sich sehr stark mit der Erkundung ihrer Umgebung/Objekten. Sie scheinen wenig unter der Trennung von der Bezugsperson zu leiden und suchen beim Wiedersehen kaum Nähe und Kontakt. Oft vermeiden sie den Körper- und Blickkontakt. Sie suchen kaum Nähe oder Unterstützung und regeln Situationen selber. Sie entfernen sich von der Bezugsperson u.U. auch bei Stress.	Bezugspersonen wehren das Bedürfnis ihrer Hunde nach Nähe und Kontakt in neuen Situationen oder in Situationen, in denen sich ihre Hunde unwohl fühlen, häufig ab und geben selbst an, dass ihnen enger Körperkontakt eher unangenehm ist. Die Hunde scheinen sich dem anzupassen, indem sie ihre Aufmerksamkeit vermehrt auf ihre Umwelt und weniger auf den Kontakt zur Bezugsperson legen.
↓	↓	↓

Unsicher-Ambivalent	Hunde, die kaum Explorationsverhalten zeigen und vor allem damit beschäftigt sind, die Nähe und den Kontakt zur Bezugsperson aufrecht zu erhalten. Sie lassen sich kaum trennen, aber auch nicht beruhigen. Sie leiden sehr stark unter einer Trennung und suchen danach engen Kontakt, während sie gleichzeitig Wut und Erregung zeigen. Teilweise verhalten sie sich auch passiv. Diese Hunde sind kaum in der Lage, sich von der Bezugsperson zu lösen und die Umgebung zu erkunden oder zu spielen. Sie zeigen widersprüchliches Verhalten.	Bezugspersonen reagieren unterschiedlich. Mal gehen sie feinfühlig auf die Bedürfnisse des Hundes ein, mal weisen sie sie zurück. Da der Hund sich nie sicher sein kann, wie die Bezugsperson reagiert, richten sie vermehrte Aufmerksamkeit auf den Kontakt zu ihr und zeigen verstärktes Bindungsverhalten, um sich der Nähe zur Bezugsperson und deren Schutz im Notfall sicher sein zu können
Desorganisiert	Diese Hunde hatten oft im Vorfeld schon viele Risikofaktoren (Besitzerwechsel, körperlichen oder emotionalen Missbrauch etc.) und zeichnen sich durch Momente aus, in denen sie weder Bindungsverhalten noch Explorationsverhalten zeigen. Sie wirken dann wie erstarrt, führen begonnenes Verhalten nicht zu Ende oder zeigen gleichzeitig oder kurz hintereinander widersprüchliches Verhalten. Sie haben keine organisierte Verhaltensstrategie.	Bezugsperson löst entweder bei den Hunden Angst (durch Verhalten wie Gewalt, Missbrauch) oder ist selbst in der entsprechenden Situation ängstlich. Das bringt Hunde, die sich schutzsuchend an sie wenden, in eine unlösbare Situation und führt so möglicherweise zu den Momenten desorganisierten Verhaltens, da sie keine Strategie haben, um damit umzugehen.

Wenn Ihr Hund eine sichere Bindung zu Ihnen hat, wächst damit auch seine Fähigkeit, mit neuen Reizen umzugehen. Es gibt weniger Neophobien, also Angst vor unbekannten Dingen und eine erhöhte Fähigkeit, potenziell traumatische Erfahrungen zu verarbeiten. Eine sichere Bindung formt das Gehirn und gibt dem Hund mehr Werkzeuge, um Schwierigkeiten und Herausforderungen des Lebens zu bewältigen und um physisch und psychisch gesund zu bleiben. Bindung ist ein lebensnotwendiges System!

Allerdings spielen die Qualität und Quantität der Bindungsfaktoren eine wichtige Rolle. Quantitativ ungenügende Interaktionen sind beispielweise die zeitlich nicht ausreichende Verfügbarkeit der Bezugsperson. Das bedeutet, ein Hund der den Großteil des Tages allein oder ohne seine Bezugsperson verbringt oder dessen Bezugsperson häufig abwesend ist, z. B. durch längere Reisen, wird größere Schwierigkeiten haben, eine sichere Bindung zu entwickeln. Das schließt auch häufige kurze oder längere Trennungen ein, ohne dass der Hund emotionale oder kognitive Bewältigungsstrategien erlernt hat. Und da der Hund in der Regel eine primäre Bindungsperson hat, ist diese auch qualitativ nicht ersetzbar durch einen Ehepartner oder einen Dogsitter.

Qualitativ gestörte Interaktionen können sein, dass die Bezugsperson den Hund häufig ablehnt, keine (emotionale oder körperliche) Nähe zulässt, keinen Schutz und/oder Trost bietet oder andererseits überbeschützend ist und dem Hund keinerlei Freiräume zur Erkundung lässt. Überbeschützte Hunde haben meist nicht die Möglichkeit, Bewältigungsstrategien zu erlernen und neigen dazu, selbst auch ängstliches oder unsicheres Verhalten, insbesondere in neuen oder unbekannten Situationen, zu zeigen. Diese Hunde haben aufgrund der mangelnden Bewältigungsstrategien häufig einen sehr hohen Stresslevel, was sich in körperlichen Auffälligkeiten oder Auswirkungen präsentieren kann.

Das Panik-Trauer-System

Es ist bekannt, dass Säugetiere über ein so genanntes Panik-Trauer-System[397] verfügen, das die Entwicklung sozialer Bindungen fördert und sie durch soziale Ablehnung oder Verlust auch anfällig für Depressionen macht. Eine kritische Frage zur Entstehung von Depressionen lautet: Welche negativen affekterzeugenden Netzwerke im Gehirn von Säugetieren sind für das Verständnis des depressiven „Schmerzes" am wichtigsten?

Die Neurowissenschaft hat sieben genetisch bedingte emotionale Systeme bei Säugetieren beschrieben. Diese primären Funktionen bestehen aus SUCHEN, WUT, ANGST, sexueller LUST, mütterlicher Fürsorge, Trennungsstress, PANIK/ANGST und freudigem SPIEL[398].

Obwohl jeder Aspekt des Gefühlslebens von einer Depression beeinflusst werden kann, steht die Depression in engem Zusammenhang mit 1) einer anhaltenden Überaktivität des Trennungsstress-PANIK-Systems, die bei längerer Dauer zu psychologischer Verzweiflung führen kann[399] und 2) die Verzweiflungsphase, die auf die akute PANIK-Reaktion folgt und durch eine abnorm niedrige Aktivität des SUCHEN-Systems gekennzeichnet ist.

Beim Hund spiegelt die Depression die verhaltensmäßige Erregung bei Trennungsangst wider, gefolgt von einer emotionalen Abschaltung. Der anfänglich erregte Panikzustand wird gefolgt von der depressiven „Verzweiflungsphase". Aus dieser Perspektive könnte die Depression evolutionäre Vorteile haben, wie z. B. die Einsparung von Ressourcen nach einer unbewältigten Trennung. In den meisten Tiermodellen für Depressionen werden nicht nur sehr allgemeine Stressoren verwendet, sondern auch allgemeine Verhaltensmessungen – verschiedene ängstliche Verhaltensweisen und verringerte Lustreaktionen.

Die Depressionsforschung konzentriert sich vor allem auf die Folgen von Stress[400]. Panksepp & Watt fragten sich, wie affektive Netzwerke im Gehirn, die durch anhaltenden Stress verändert werden, den psychologischen Schmerz und die Niedergeschlagenheit der Depression erklären können. Die Überaktivität der Trennungsstress-PANIK/GRIEF-Netzwerke im Gehirn und die Unteraktivität der SUCHEN-Netzwerke könnten erklären, wie der größte Stressor, nämlich sozialer

397 Panksepp, J., Watt, D. Why does depression hurt? Ancestral primary-process separation-distress (PANIC/GRIEF) and diminished brain reward (SEEKING) processes in the genesis of depressive affect. *Psychiatry: Interpersonal & Biological Processes.* 2011; 74(1): 5–13. doi: 10.1521/psyc.2011.74.1.

398 Panksepp, J., Watt, D. Why Does Depression Hurt? Ancestral Primary-Process Separation-Distress (PANIC/GRIEF) and Diminished Brain Reward (SEEKING) Processes inthe Genesis of Depressive Affect. Psychiatry 74(1) 2011: 5–13.

399 Bowlby, J. (1980). Loss: Sadness and depression. New York: Basic Books.

400 De Kloet, E., Joels, M., Holsboer, F. (2005).Stress and the brain: From adaptation to disease. Nature Reviews: *Neuroscience, 6,* 463–475.

Verlust, Depressionen fördert. Depressionen können sich schlecht anfühlen, weil die Trennungsstresssysteme im Gehirn psychologischen Schmerz erzeugen. Wie Bowlby erkannte, fühlt sich Trennungsangst – die „Protest“- oder „Panik“-Reaktionen, die insbesondere bei Jungtieren unmittelbar auf einen sozialen Verlust folgen – auf einzigartige Weise schlecht an. Das affektive Verständnis solcher Gehirnprozesse, das durch die Kartierung der Neuroanatomie und Neurochemie von Trennungsangst gewonnen wurde, hilft, die Natur von sozialen Bindungen und Verlust zu klären[401].

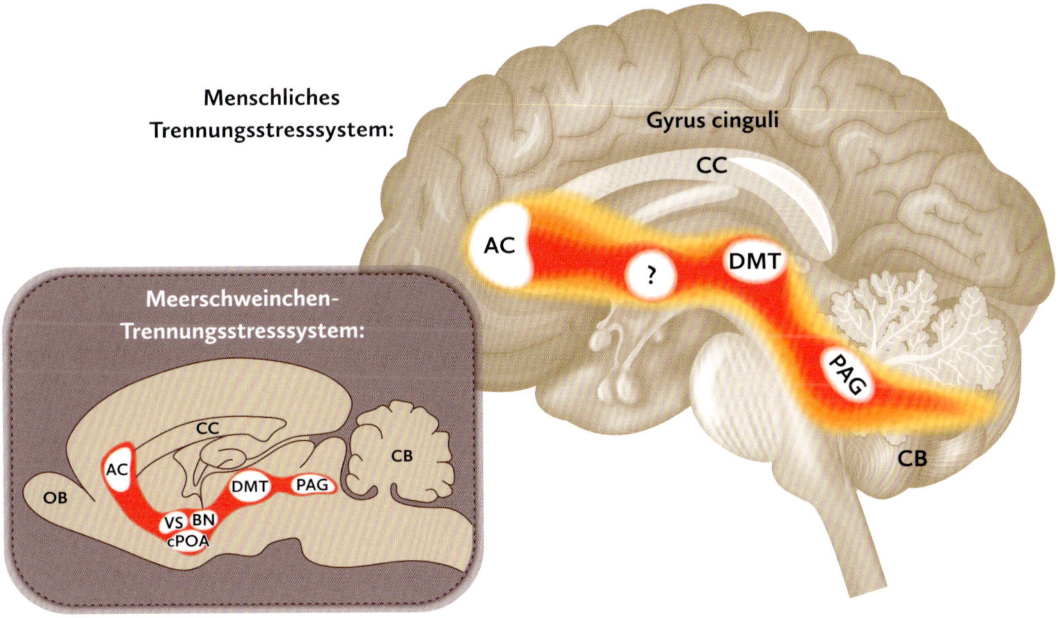

Menschliches & tierisches Schema des Trennungsstresssystems. Die Daten stammen von stimulierten Gehirn Regionen von Meerschweinchen mit Trennungsstress.

Der PANIC/GRIEF-Schaltkreis beginnt in den zentralen grauen Regionen des Mittelhirns, die gemeinhin als periaqueduktales Grau (PAG) bezeichnet werden und steigt über mediale dienzephale Strukturen, insbesondere den dorsomedialen Thalamus (DMT), auf und endet in verschiedenen basalen Vorderhirnkernen und subcallosalen anterioren cingulären Vorderhirnregionen (AC). Die wichtigsten neurochemischen Faktoren, die Trennung (bzw. Proteste gegen diese) fördern, sind eine Abnahme der Opioid- und Oxytocinwerte und ein erhöhter CRF-Wert (Kortikotropin-Releasing Hormon) in Verbindung mit einem verstärkten glutamatergen[402] Antrieb in den

401 Panksepp, J. (1998). Affective neuroscience: The foundations of human and animal emotion. New York: Oxford University Press; Panksepp, J. (2011) The neurobiology of social loss in animals: Some keys to the puzzle of psychic pain in humans. In L.A. Jensen-Campbell & G. MacDonald (Eds.). *Social pain: Neuropsychological and health implications of loss and exclusion* (pp. 11 – 15). Washington, DC: American Psychological Association.

402 Neurotransmitter, der Glutamat enthält.

PANIC/GRIEF-Schaltkreisen des Gehirns. Für die individuelle Antwort auf Stress ist grundsätzlich die genetische Bauweise der biologischen Stressachse, insbesondere das sogenannte CRF-System, von ganz entscheidender Bedeutung. Essenzielle Bestandteile dieses Systems sind der Korticotropin Releasing Factor (CRF) selbst – ein Hormon, das vor allem im Zwischenhirn, dem Hypothalamus gebildet wird –, seine Rezeptoren (CRFR), d. h. die spezifischen Bindungsstellen an der Zelloberfläche, welche die Wirkungen von CRF vermitteln, und ein CRF-bindendes Protein (CRFBP), das die Funktion hat, etwa zu viel produzierten CRF abzufangen. Demnach spielt die Balance zwischen dem Rezeptor (CRFR) und dem CRF-bindenden Protein (CRFBP), die beide um die Bindung des Hormons konkurrieren, eine Schlüsselrolle für den Grad der Stressantwort, die ein Individuum entfaltet.

Das PANIK/GRIEF-System hat sich wahrscheinlich aus allgemeinen Schmerzmechanismen entwickelt. Dieses psychische Schmerzsystem fördert den sozialen Zusammenhalt, knüpft Bindungen zwischen Hunden, aber auch Hund und Mensch, stärkt Freundschaften und Beziehungen – kurz gesagt, es fördert die soziale Solidarität aller in Gruppen lebenden Arten[403]. Der Übergang von Protest, Traurigkeit, Trauer und ähnlichem zu einer echten Depression ist noch immer schlecht verstanden. Eine Forschungsrichtung legt nahe, dass Immunmodulatoren (z. B. Zytokine wie Interleukin 1, IL-6 und TNF-α) die anhaltende Verzweiflung der Depression stimulieren können[404]. Möglicherweise mündet anhaltende Trennungsangst auch in Verzweiflung, weil der Drang zur Suche abnimmt. Wenn der Protest nicht ausreicht, um die Wiederannäherung zu gewährleisten, kommt eine Verhaltensabschaltung (Depression) ins Spiel, um sich vor den Folgen der anhaltenden Panik zu schützen. An diesem kritischen Übergang (von der Protest- zur Verzweiflungsphase des Trennungsschmerzes) setzt eine neue Form des anhaltenden negativen Affekts ein, die sowohl durch Abgeschlagenheit als auch durch Verzweiflung gekennzeichnet ist. Der weitere Anstieg des negativen Gefühls, der durch das „Aufgeben“ hervorgerufen wird, kann zu einer Mischung aus anhaltendem psychischem Trennungsschmerz und der Unfähigkeit führen, geistige und körperliche Energien aufzubringen.

Aufgrund der Multidimensionalität der Depression gibt es zwangsläufig viele Varianten dieser Grundthemen unter den vielen Subtypen der Depression, einschließlich derjenigen mit mehr oder weniger Trauer und unterschiedlichen Graden von Apathie. Der Schmerz der Depression – der vor allem durch sozialen Verlust und soziale Niederlagen entsteht – ist möglicherweise der Preis, den wir Säugetiere für die evolutionären Vorteile sozialer Bindungen zahlen, die unser Leben bereichern, unsere Fortpflanzung und das Überleben fördern.

403 Panksepp, J. (2003), Feeling the pain of social loss. *Science,* 302, 237 – 239.
404 Hennessy, M. B., Deak, T., Schiml-Webb, P. A. (2001). Stress-induced sickness behaviors: An alternative hypothesis for responses during maternal separation. *Developmental Psychobiology, 39,* 76 – 83.

Symptome

Die Symptome von Depressionen sind vielschichtig. Für sich genommen können die meisten davon auch auf andere Ursachen zurückzuführen sein: Niedergeschlagenheit, Erschöpfung, Konzentrationsmangel, Unreinheit oder Unruhe. Der Hund zeigt eine allgemeine körperliche Abgeschlagenheit, Schlafstörungen, Gewichtsverlust und Muskelverspannungen. Auch Gedächtnisstörungen und Lernschwierigkeiten können Indikatoren sein. Die Hauptsymptome depressiver Episoden sind Interessenverlust und Freudlosigkeit sowie Antriebsminderung mit erhöhter Ermüdbarkeit (oft selbst nach kleinen Anstrengungen) und Aktivitätseinschränkung. Es kann auch sein, dass der Hund sein Vokalisationsverhalten ändert, also zum Beispiel mehr weint oder bellt bis hin zu psychosomatischen Erkrankungen wie Herz-Kreislaufbeschwerden und Verdauungsprobleme[405]. Im Vorfeld sollten daher immer die medizinischen Parameter vom Tierarzt sorgfältig abgeklärt werden.

Es ist vor allem das Zusammenspiel mehrerer Symptome und der Faktor Zeit, die schließlich die Diagnose ausmacht!

Biopsychosoziale Risikofaktoren für Depressionen

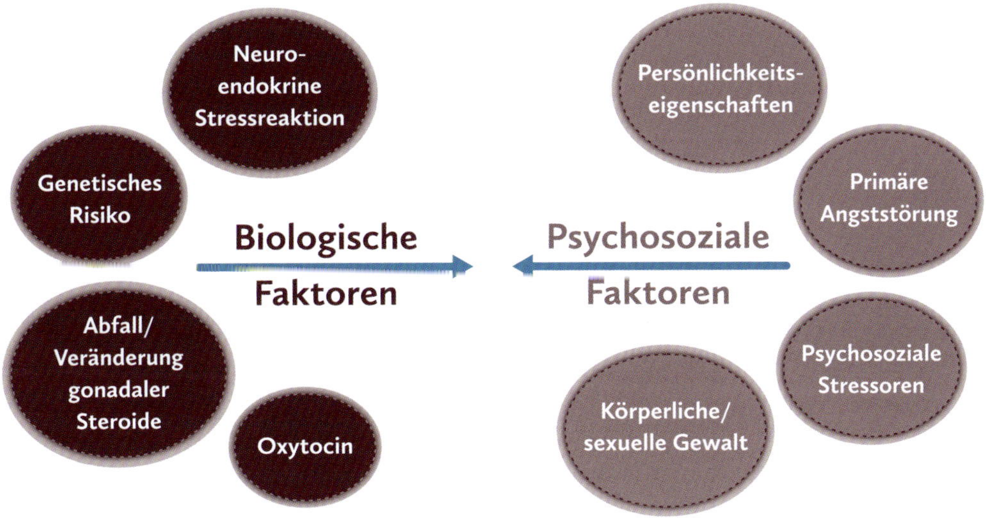

405 Moreau, L.L. (2002). Simulating the anhedonia symptom of depression in animals. *Dialogues in Clinical Neuroscience.* 4 . No. 4 . 2002.

Burn-out

Auch Hunde können unter einem Burn-out leiden. Der Burn-out wird dem depressiven Krankheitsbild zugeordnet. Bei akutem Stress ist Noradrenalin maßgeblich für die Steuerung der Reaktionen verantwortlich, die für die Anpassung des Organismus an die körperlichen und geistigen Belastungen sorgen. Bei dauerhafter Stresseinwirkung kann ein langfristig erhöhter Wert des anregenden Noradrenalins gemessen werden, während das dämpfende Serotonin bei gesteigertem Verbrauch zusätzlich durch die Belastung gehemmt wird. Der erhöhte Noradrenalin-Wert und das gesteigerte Noradrenalin/Adrenalin-Verhältnis können jedoch nicht über längere Zeit vom Körper aufrechterhalten werden, sodass bei fortschreitender Erschöpfung des Körpers unter Stresseinwirkung der Noradrenalin-Spiegel auf einen sehr niedrigen Wert abfällt, wie es bei dem Burn-out-Syndrom zu beobachten ist. Noradrenalin Effekte, Kortisol Mangel und vermehrte schädliche Stoffwechselprodukte führen bei Burn-out unter anderem zu Entzündungsreaktionen.

Stress löst im Körper die gleichen Reaktionen aus wie Angst. Anhaltender Stress erzeugt wiederum Ängste, vor allem, wenn er mit negativen Gefühlen und Druck verbunden ist. Dauerhafte Belastung und hohe Anforderungen können, wenn keine Phasen der Entspannung folgen, zu übersteigerten Angstreaktionen führen. Diese zeigen sich in ständig vorhandener ängstlicher Angespanntheit oder entladen sich in Panikattacken. Jede neue Aufgabe kann den Hund überfordern und in Panik versetzen.

Folge einer solchen Daueranspannung ist vielfach eine völlige innere Erschöpfung, der Hund wirkt antriebslos und ist handlungsunfähig. Dazu leiden die Hunde in vielen Fällen unter Schlaflosigkeit und entwickeln Herz-Kreislauf- oder Magen-Darm Probleme.

Stressmanagement, gezielte Verhaltensprogramme, Entspannungstechniken und gegebenenfalls unterstützende Verhaltenstherapien helfen dem Hund, der unter Stressfolgen und Burn-out leidet.

Symptomatik	Ursachen/Risikofaktoren
• Kraftlosigkeit • Erschöpfung • Minderbelastbarkeit • Kognitive Störungen • Reduzierte Stressresistenz • Schlafstörungen • Ängste, Appetitstörungen/Gewichtsschwankungen, Psychosomatische Symptome	• Unzureichende Coping-Strategien • Mangelnde Abgrenzungsfähigkeit • Überlastung • Sozialer Druck und Trainingsstrukturen

Bore-out

Bore-out wird als paralleles Gegenstück des Burn-out-Syndroms charakterisiert, das selbst im Burn-out münden kann. Es entsteht durch chronische qualitative oder quantitative Unterforderung. Die Hunde leiden unter Unterforderung – ihr Potenzial bleibt ungenutzt, und im schlimmsten Fall entstehen gesundheitliche Folgen. Auch kann es dazu führen, dass Hunde, die **über einen längeren Zeitraum gelangweilt und unterfordert** sind, immer mehr das Interesse an neuen Aufgaben verlieren und somit immer weniger Leistung erbringen und noch unterforderter sind.

Symptomatik	Ursachen/Risikofaktoren
• Depressive Stimmung • Antriebsstörung • Schlafstörung • psychosomatische Beschwerden (Tinnitus, Kopf- und Bauchschmerzen, Infektanfälligkeit, etc.).	• Hund verbringt zu viel Zeit allein • Aufgaben sind nicht individuell angepasst • Täglich derselbe Ablauf • Keine kognitive Bereicherung oder Herausforderung • Wenig Exploration

Unterstützen Sie Ihren Hund, das richtige Maß an interessanten Aufgaben zu finden und analysieren Sie die Gründe der Unterforderung.

Lösungsansätze bei Depressionen

Eine Depression gilt grundsätzlich als heilbar. Das bedeutet jedoch nicht, dass alle Hunde ihre Depression überkommen oder nicht wieder einen Rückfall erleiden (rezidivierende Depression). Da der Leidensdruck der Hunde oftmals groß ist, ist es wichtig, dass eine Depression zeitnah professionell behandelt wird. Zudem wird die Therapie nach längerer Zeit schwieriger und das Risiko, dass die Krankheit chronisch wird, wächst.

Abhängig von der Schwere der Krankheit werden Depressionen in der Regel mit einer Verhaltenstherapie, antidepressiven Medikamenten oder einer Kombination aus beidem behandelt. Je nach Ausgangslage (akuter, teilremittierter oder remittierter Zustand) besteht das Ziel der Depressionsbehandlung entweder in der (weiteren) Symptomreduktion oder in der Verhinderung von Rückfällen. Weitere Ziele stellen die Wiedererlangung, die Erhaltung oder die Verbesserung des psychosozialen Funktionsniveaus (Leistungsfähigkeit, soziale Interaktionen und Kontakte) sowie der Teilhabe am täglichen Leben dar. An diesen allgemeinen Zielvorgaben sind der Therapiefortschritt und Behandlungserfolg zu messen. Was soll der Hund im ersten Schritt wieder erlangen? Wo wird angesetzt, um ihm wieder mehr Freude zu vermitteln? Interaktionen mit anderen Hunden oder Menschen? Oder besser Spiele und Kuscheln zwischen Mensch und Hund? Auch hier sollten frühere Vorlieben bedacht und eingebracht werden. Während der Behandlung ist ein regelmäßiges Monitoring notwendig, z. B. um in Erfahrung zu bringen, ob der Hund auf die Behandlung anspricht und der gewünschte therapeutische Fortschritt erreicht wird. Sich abzeichnende Komplikationen und Nebenwirkungen werden durch das Monitoring frühzeitig erkannt und können eine veränderte Verhaltenstherapie bzw. einen Wechsel der begonnenen Medikation erforderlich machen. Bei einer Verhaltenstherapie sind über Monate hinweg Geduld und Engagement des Halters gefordert. Wer sich darauf einlässt, bietet seinem Hund jedoch beste Chancen, die Depression zu überwinden und verbessert seine psychische Stabilität insgesamt.

5.

Trauer

Trauerreaktionen sind bei sozialen Arten wie Menschenaffen, Walen, Delfinen, Elefanten und Vögeln weit verbreitet. Es wurde beschrieben, dass sie Rituale vollziehen[406] darunter das Berühren und Untersuchen des Kadavers eines Artgenossen. Der Anblick eines toten Artgenossen könnte für ein Tier durchaus nützlich sein, da es durch bestimmte Merkmale, wie z. B. das Fehlen von Reaktionen oder Lebendigkeit, etwas über den Tod lernen kann[407]. In der Tat zeigen verschiedene Tierarten komplexe Reaktionen auf ihre Toten, wahrscheinlich nicht nur als Folge verschiedener sensorischer Merkmale, sondern auch aufgrund von Veränderungen in der biologischen Bewegungswahrnehmung[408].Die Fähigkeit, zu trauern, wird für eine Reihe von Tierarten, darunter Hunde, vermutet[409]. Die Beweise sind jedoch spärlich, und es müssen zahlreiche Einschränkungen berücksichtigt werden, unter anderem das Risiko einer anthropozentrischen Interpretation und die Schwierigkeit wissenschaftliche Experimente zu konzipieren.

Nach Bekoff[410] können Hunde aufgrund ihres sozialen Charakters Trauer als Folge einer engen Beziehung zeigen. Verhaltensreaktionen auf sterbende/verstorbene Artgenossen wurden bei wildlebenden Kaniden jedoch nur selten beobachtet. Boyd und Pletcher[411] zeigten, dass wildlebende Wölfe die Kadaver von zwei Wochen alten Welpen vergruben. Appleby und Kollegen[412] beschrieben den Tod eines drei Monate alten Dingo-Welpen und die damit verbundenen Reaktionen der Mutter und seiner Wurfgeschwister: Der verstorbene Welpe wurde in den Tagen nach seinem Tod aufgenommen und getragen und an verschiedene Orte mitgenommen. Bei Haushunden gibt es viele anekdotischer Halterberichte über die Trauer ihres Hundes nach dem Verlust eines Artgenossen[413]. Allerdings gibt es nur wenige wissenschaftliche Daten die trauerähnliche Verhaltensreaktionen bei Haushunden dokumentieren. Selbst die Definition von Trauer und der „Fähigkeit zu trauern" ist nicht eindeutig.

406 Anderson, J. R. Comparative evolutionary thanatology of grief, with special reference to nonhuman primates. *Jpn. Rev. Cult. Anthropol.* 18, 173 (2017).
407 Jakucińska, A., Trojan, M., Sikorska, J., Farley, D. Reaction to the death of the oldest female in a group of chimpanzees at the Municipal Zoological Garden, Warsaw. *Primates* 61, 103 – 109 (2020).
408 Johnson, M. H. Biological motion: A perceptual life detector? *Curr. Biol.* 16, R376 – R377 (2006).
409 King, B. J. When animals mourn. *Sci. Am.* 309, 62 – 67 (2013).
410 Bekoff, M. The Emotional Lives of Animals: A Leading Scientist Explores Animal Joy, Sorrow, and Empathy-and Why They Matter. (New World Library, 2007).
411 Boyd, D., Pletscher, D. Evidence of wolves, Canis lupus, burying dead wolf pups. *Can. Field Nat.* 107, 230 – 231 (1993).
412 Appleby, R., Smith, B., Jones, D. Observations of a free-ranging adult female dingo (*Canis dingo*) and littermates' responses to the death of a pup. *Behav. Processes* 96, 42 – 46 (2013).
413 Walker, J., Waran, N., Phillips, C. Owners' perceptions of their animal's behavioural response to the loss of an animal companion. *Animals* 6, 68 (2016).

Nur wenn das Verhalten gegenüber dem toten Artgenossen zu einem signifikanten Unterschied im Vergleich zum „einfachen" Trennungsstress führt, wird von einer trauerähnlichen Reaktion gesprochen. Kinder im Alter von zwei bis fünf Jahren haben noch keine Vorstellung vom Tod, aber die Vorstellung vom Verlust einer Bezugsperson löst das Verhaltensmuster aus, das wir als Ausdruck von Trauer bezeichnen. Auch Hunde gehen emotionale Bindungen ein, zu denen andere Haustiere gehören können, von daher ist zu erwarten, dass ein Verlust Verhaltensänderungen hervorruft, die wir normalerweise als Trauer interpretieren.

Hundehalter neigen möglicherweise dazu, die Trauergefühle ihres Hundes überzubewerten[414], was dazu führen kann, dass sie die Reaktionen als Spiegelbild ihrer eigenen Trauer nutzen. Die trauerähnlichen Reaktionen eines Hundes werden durch die Qualität der Beziehung zwischen den beiden Tieren oder durch die Reaktion auf den Anblick des Leichnams beeinflusst. Der Nachweis des Ausdrucks solch komplexer sozialer Emotionen durch Hunde kann für Überlegungen zum Tierschutz von Bedeutung sein, angesichts der großen Zahl von Mehrhundehaushalten[415].

In einer Studie[416] berichteten Hundehalter über verschiedene Veränderungen beim überlebenden Hund nach dem Tod des Zweithundes, sowohl in Bezug auf die Aktivitäten („Spielen", „Schlafen" und „Fressen") als auch auf die Emotionen (Ängstlichkeit), die in Abhängigkeit von der Qualität der Beziehung zwischen den beiden Hunden auftraten. Mehrere negative Verhaltensänderungen wurden beim überlebenden Hund berichtet: erhöhte Aufmerksamkeitssuche (67 %), weniger Spiel (57 %), verringerte Aktivität (46 %), mehr Schlaf (35 %), erhöhte Ängstlichkeit (35 %), weniger Fressen (32 %) und erhöhte Lautäußerungen (30 %). Wenn eine Verhaltensänderung festgestellt wurde, beobachteten 25 % der Besitzer diese mehr als 6 Monate lang, 32 % zwischen 2 und 6 Monaten und 30% weniger als 2 Monaten. Das Geschlecht und der Kastrationsstatus des Tieres, das Alter zum Zeitpunkt des Todes und die Rasse, aber auch die Betrachtung des Kadavers, hatten keinen Einfluss auf die Dauer der Verhaltensänderungen.

Emotionales Fressen, d. h. Veränderungen im Fressverhalten aufgrund negativer Emotionen, wurde bei Hunden festgestellt[417]. Hunde, die im selben Haushalt leben, können eine starke Bindung entwickeln, unabhängig davon, ob sie verwandt sind. Aus biologischer Sicht sind sowohl freundschaftliche als auch elterliche Bindungen wichtige Bestandteile der natürlichen sozialen Organisation freilebender Hunde. Gruppen

414 Morris, P., Doe, C., Godsell, E. Secondary emotions in non-primate species? Behavioural reports and subjective claims by animal owners. *Cogn. Emot.* 22, 3 – 20 (2008).

415 Pirrone, F., Pierantoni, L., Mazzola, S., Vigo, D. Owner and animal factors predict the incidence of, and owner reaction toward,problematic behaviors in companion dogs. *J. Vet. Behav.* 10, 295 – 301 (2015).

416 Uccheddu, S., Ronconi, L., Albertini, … et al. (2022). Domestic dogs *(Canis familiaris)* grieve over the loss of a conspecific. *Scientific reports, 12*(1), 1920.

417 Luno, I., Palacio, J., García-Belenguer, S., González-Martínez, Á., Rosado, B. Emotional eating in companion dogs: Owners'perception and relation with feeding habits, eating behavior, and emotional state. *J. Vet. Behav.* 25, 17 – 23 (2018).

freilebender Hunde setzen sich häufig aus Verwandten zusammen[418], die wahrscheinlich enge Familienbeziehungen aufbauen. Soziale Tiere neigen zu Kooperation und Verhaltenssynchronisation[419], so auch Haushunde[420]. Diese Koordinierung der Gruppenaktivitäten ist von grundlegender Bedeutung für die Aufrechterhaltung des Gruppenzusammenhalts und ermöglicht es, die Vorteile des sozialen Lebens zu nutzen.

So kann eine starke Bindung dazu führen, dass die Hundepartner ihre Routinen synchronisieren, was die nach dem Todesfall beobachteten Veränderungen im Verhalten der überlebenden Hunde erklären könnte. Es gibt viel Literatur über emotionale Bindungen aber die Form der Bindung ist weniger klar. Bindung ist bei sozialen Arten wie Hunden wichtig für das Überleben, und hängt bis zu einem gewissen Grad mit dem Erwerb ethologischer (sozialer) und ökologischer (Nahrung usw.) Fähigkeiten zusammen. In der Tat ist Bindung im weitesten Sinne, durch ihre Rolle bei der Gestaltung künftiger enger sozialer Beziehungen, als grundlegender Organisationsfaktor für die Sozialstruktur zu betrachten. Ein Verlust kann als eine Unterbrechung der Bindungsbeziehung angesehen werden, was die Auswirkungen auf die Verhaltensweisen des überlebenden Hundes erklären kann.

Wenn überlebende Hunde mit Haltern zusammenleben, die sehr trauern, kann es zudem eine Form der emotionalen Ansteckung geben; soziale Tiere, die Zeit miteinander verbringen, sind ständig gemeinsamen Stressoren ausgesetzt, die sich auf verschiedene Individuen in ähnlicher Weise auswirken. Hunde erwerben die Fähigkeit, angemessen auf die kommunikative Gestik und Mimik des Menschen zu reagieren und sich bei ihrer Entscheidungsfindung auf menschliche Informationen zu beziehen, insbesondere auf deren emotionalen Ausdruck. Emotionen sind Teil einer adaptiven Bewältigungsstrategie und bei sozialen Arten werden sie oft indirekt durch soziale Übertragung weitergegeben.

418 Bonanni, R., Cafazzo, S. The social organisation of a population of free-ranging dogs in a suburban area of Rome: A reassessment of the effects of domestication on dogs' behaviour. *Soc. Dog.* https://doi.org/10.1016/B978-0-12-407818-5. 00003-6 (2014).
419 Ferrari, P. F., Palanza, P., Parmigiani, S., de Almeida, R. M. M., Miczek, K. A. Serotonin and aggressive behavior in rodents and nonhuman primates: predispositions and plasticity. *Eur. J. Pharmacol.* 526, 259–273 (2005).
420 Wright, H. F., Mills, D. S., Pollux, P. M. J. Behavioural and physiological correlates of impulsivity in the domestic dog *(Canis familiaris). Physiol. Behav.* 105, 676–682 (2012).

Trauer ist nicht Depression

Es wird an mehreren Stellen des DSM-5 darauf hingewiesen, dass sich die Symptome von Depression und Trauer überschneiden können, jedoch eine normale Trauerreaktion keine depressive Episode ist. Es gibt Kriterien, um eine depressive Episode von einer Trauerreaktion zu unterscheiden. So stehen zum Beispiel bei der depressiven Episode andauernde depressive Stimmung und Freudlosigkeit im Mittelpunkt, während bei einer Trauerreaktion Gefühle von Leere und Verlust im Mittelpunkt stehen, diese eher wellenförmig verläuft und zudem auch von positiven Emotionen begleitet sein kann.

Die Grenze zwischen unbewältigter Trauer und einer depressiven Verstimmung ist nicht immer eindeutig.

Depressive Verstimmung	Trauer
Bleibt bestehen	Trauerreaktionen sollte innerhalb von zwei Monaten nachlassen
Stimmung und Gedanken häufiger durchgehend negativ	Grundsätzliche Ansprechbarkeit für positive Ereignisse (Schwingungsfähigkeit) besteht noch
	Negative Gefühle kommen üblicherweise in Wellen
	Sie führen für gewöhnlich nicht zu Phasen anhaltender sozialer Unfähigkeit

Reaktionen von Trauer und Apathie zeigen zwar nicht alle, aber viele Tiere. Sicher ist: Tiere können wie wir Menschen psychisch auffällig werden[421]. Während der Trauer um einen geliebten Begleiter, ob Mensch oder Hund durchlaufen die Hunde wahrscheinlich auch verschiedene Phasen, die von Psychologen als Trauerphasen bezeichnet werden. Sie spiegeln den fortschreitenden Prozess der Verlustbewältigung wider. Obwohl jedes Individuum anders trauert und alle unterschiedlich lange brauchen, um einen Verlust zu verarbeiten, erleben viele die Phasen der Trauer ähnlich.

421 Walker, Waran, N., Phillips, C. Owners' Perceptions of Their Animal's Behavioural Response to the Loss of an Animal Companion. *Animals.* 2016;6(11):68. doi:10.3390/ani6110068.

Trauerphasen

Die Schweizer Psychologin Verena Kast beschreibt vier Phasen im Trauerprozess.

1. Phase: Nicht-Wahrhaben-Wollen

Unmittelbar nach dem Tod eines geliebten Menschen steht der Trauernde unter Schock: Er kann und will nicht glauben, was passiert ist. Viele Menschen fühlen sich in dieser Situation isoliert und hilflos, sogar verzweifelt. Oft leugnen sie ihren Verlust. Diese Trauerphase bildet den Anfang des Trauerprozesses. Sie kann wenige Stunden, oft aber auch Tage oder mehrere Wochen dauern. Wie kann sich diese Phase beim Hund darstellen? Er sucht die Zimmer der Wohnung ab, beschnüffelt die alten Liegeplätze, läuft vertraute Wege ab und sucht den verstorbenen Partner.

2. Phase: Aufbrechende Emotionen

In der zweiten Phase der Trauer brechen Gefühle wie Wut, Schmerz und Zorn auf. Je nachdem, wie eng die Beziehung zum Verstorbenen war, kann diese Phase Wochen oder Monate dauern. Auch die Umstände des Todes können beim Verlauf dieser Trauerphase eine Rolle spielen. Der Hund kann in dieser Phase fremd gerichtete Aggression zeigen, Verhalten, welches er vorher nicht hatte, oder welches nun verstärkt auftritt. Vielleicht zeigt er auch vermehrt motorische Unruhe und erhöhte Wachsamkeit oder genau das Gegenteil – er will nicht mehr teilnehmen an den täglichen Aktivitäten – also eine depressive Episode.

Es ist wichtig, dass Sie diese Gefühle zulassen und den Hund in seiner Trauer begleiten.

3. Phase: Suchen und Sich-Trennen

In der dritten Phase der Trauer findet eine innere Auseinandersetzung mit dem Verstorbenen und seinem Tod statt.

4. Phase: Neuer Selbst- und Weltbezug

In der letzten Phase der Trauer stellt sich allmählich innerer Frieden ein. Der Schmerz tritt in den Hintergrund.

Die letzten beiden Phasen verlaufen beim Hund wahrscheinlich als eine und eine Rückkehr zu alten Aktivitäten findet statt.

Die verschiedenen Phasen der Trauer können individuell länger oder kürzer dauern.

Gemäß Elisabeth Kübler-Ross, eine der bekanntesten Sterbeforscherinnen, können fünf Phasen für den Prozess des Sterbens und der Trauer unterschieden werden: Leugnen, Wut, Feilschen und Verhandeln, Depression und Annahme. Andere Autoren beziehen noch die Phasen der Desorganisation, Schuldgefühle und der Angst mit ein.

Yorick Spiegel, beschreibt in seiner Veröffentlichung „Der Prozess des Trauerns" von 1973 folgende vier Trauerphasen:

1. Trauerphase: Schockphase

Die Schockphase beginnt mit dem Tod. Die Umwelt wird kaum wahrgenommen, der Betroffene ist schwer ansprechbar. Die Stärke der Phase ist u. a. abhängig der Art des Todes. War es ein plötzlicher Tod (Bsp.: Unfall), so fällt der Schock meist heftiger aus als nach einer langjährigen Krankheit. Die Phase hat eine Dauer von einigen Stunden bis hin zu zwei Tagen.

2. Trauerphase: Kontrollierte Phase

Häufig erkennen wir in dieser Phase den Trauernden nicht wieder. Während dieser Zeit sind Kommunikationsstörungen möglich, da die meiste Energie und Konzentration für die Selbstkontrolle benötigt wird. Die Dauer der Phase liegt bei drei bis sieben Tagen.

3. Trauerphase: Phase der Regression

Nimmt die Kontrolle durch das Umfeld ab, beginnt meist die Phase der Regression. In dieser Phase zieht der Trauernde sich zurück, und verliert häufig einen großen Teil der Selbstkontrolle. Äußerliche Symptome sind Appetitlosigkeit, und Schlafstörungen. Diese Phase dauert vier bis zehn Wochen.

4. Trauerphase: Phase der Anpassung

Der Trauernde löst sich vom Verstorbenen. Der Betroffene kehrt ins Leben zurück und gewinnt sein Gefühl für die Realität wieder. In dieser Phase kann es zu Rückschritten kommen. Sie dauert zwischen sechs Monaten und einem Jahr.

6.

Lösungsansätze

Behalten Sie Ihre Routine bei. Natürlich wird es Tage geben, an denen Sie Ihren Hund nicht zur gewohnten Zeit füttern oder spazieren führen können, aber eine gute Routine kann Ihrem Hund helfen, sich wohl und sicher zu fühlen.

Vermeiden Sie nach Möglichkeit Stressfaktoren und verwenden Sie ausschließlich positive Verstärkung. Spielen Sie mit Ihrem Hund. Spielen kann ein großartiger Stressabbau sein. Außerdem stärkt es die Bindung zwischen Ihnen und Ihrem Hund. Spiele müssen nicht wild und überbordend sein – es gibt stationäre Spiele oder auch Gegenstände, die Sie zum Spielen nutzen können von Stofftier bis hin zu Geschicklichkeits- Such- oder Lernspielen.

Verbringen Sie Zeit in der Natur! Waldbaden ist ein wunderbarer Ansatz, um Regeneration und Ruhe zu finden – für Mensch und Hund!

Denken Sie an Ihren eigenen emotionalen Zustand. Forschungsergebnissen zufolge können Hunde unsere Emotionen verstehen. Es kann also sein, dass Ihr Hund traurig ist, weil er spürt, dass Sie traurig oder deprimiert sind. Das kann ein Hinweis darauf sein, dass Sie etwas Selbstfürsorge brauchen. Lernen Sie die Persönlichkeit Ihres Hundes kennen. Manche Hunde brauchen ein wenig Freiraum, während andere mehr Aufmerksamkeit suchen, wenn sie gestresst, traurig oder ängstlich sind. Wenn Sie wissen, wie Ihr Hund seine Gefühle verarbeitet, können Sie ihm besser geben, was er benötigt!

Resilienz fördern!

Was sind die Schlüsselfaktoren für die psychische Belastbarkeit von Hunden? Warum erholen sich manche Hunde schnell von Vernachlässigung, Missbrauch oder jahrelanger Zwingerhaltung, während andere durch weitaus mildere negative Erfahrungen dauerhaft traumatisiert zu sein scheinen? Warum neigen bestimmte Hunde zu Zwängen oder Depressionen und andere können schwierige Situation ohne mittel- oder langfristige psychische Beeinträchtigungen bewältigen?

Resilienz (von lat. resilire: zurückspringen, abprallen, nicht anhaften), bedeutet Anpassungsfähigkeit, und ist ein Prozess, in dem Individuen auf Probleme und Veränderungen mit Anpassung ihres Verhaltens reagieren. Resilienz umfasst die psychische Widerstandskraft und die Fähigkeit, schwierige Lebenssituationen ohne anhaltende Beeinträchtigung zu überstehen. Hohe Resilienz ist definiert als geringere Anfälligkeit für negative Erfahrungen, die Fähigkeit, Widrigkeiten oder Stress zu überwinden, oder ein gutes Ergebnis trotz negativer Erfahrungen[422] zu erreichen. Resilienz ist ein dynamischer Prozess, der ein Gleichgewicht unter Stressbedingungen aufrechterhält oder wiederherstellt und es wurden bisher mehrere schützende Schlüsselfaktoren gefunden[423]. Das Konzept der Resilienz wird häufig im Zusammenhang mit dem Risiko psychischer Störungen diskutiert. Bei Hunden haben Studien die prädisponierenden Risikofaktoren (sowohl umweltbedingte als auch genetische) für Angst und Aggression untersucht, jedoch haben sich weniger Studien auf die Faktoren konzentriert, die – andersherum – eine gesunde psychologische Entwicklung und gute Verhaltensergebnisse unterstützen[424]. Das Verständnis sowohl der Risikofaktoren als auch der unterstützenden Faktoren für Resilienz ist jedoch ein wichtiger Bestandteil des Wohlbefindens und des Gesundheitserhalts unserer Hunde.

Neurobiologie der Resilienz

Die Neurobiologie, die die Stressreaktion und die Belohnungserfahrung vermittelt, ist auch für die Neurobiologie der Resilienz wichtig[425].Während akute Stressreaktionen die Anpassung und das Überleben fördern, kann chronischer Stress die Krankheitsentwicklung begünstigen, und eine schnelle Aktivierung und effiziente Beendigung der Stressreaktion werden beide mit Resilienz in Verbindung gebracht[426]. Resilienz kann entweder passiv oder aktiv sein. Passive Resilienz ist das Fehlen bestimmter Schlüsselmoleküle, was sich negativ auf die individuelle Bewältigungsfähigkeit auswirkt, während aktive Resilienz bedeutet, dass der Hund über spezifische molekulare Anpassungen verfügt, die die Resilienz fördern[427]. Verschiedene Neurotransmitter, Hormone und Neuropeptide werden mit der Stressreaktion in Verbindung gebracht. Unterschiede in ihrer Funktion und auch Unterschiede in der Interaktion zwischen diesen Faktoren sind teilweise für die große Variabilität der Stress Resilienz zwischen Hunden verantwortlich[428].Neben der Hypothalamus-Hypophysen-Nebennieren-Achse (HPA) sind auch das sympathische Nervensystem sowie das glutamaterge, dopaminerge und serotonerge Neurotransmittersystem an der Stressreaktion beteiligt[429]. Der Hippocampus wird durch Stresshormone moduliert und ist sehr anfällig für die

422 Rutter, M. Implications of resilience concepts for scientific understanding. *Ann. N. Y. Acad. Sci.* 2006;1094:1 – 12. doi:10.1196/annals.1376.002.

423 Rutten, B.P.F., Hammels, C., Geschwind, N., et al. Resilience in mental health: linking psychological and neurobiological perspectives. *Acta Psychiatr. Scand.* 2013;128(1):3 – 20. doi:10.1111/acps.12095.

424 Rooney, N.J., Clark, C.C.A., Casey, R.A. Minimizing fear and anxiety in working dogs: a review. *J. Vet. Behav.* 2016;16(C):53 – 64. doi:10.1016/j.jveb.2016.11.001.

425 Feder, A., Nestler, E.J., Charney, D.S. Psychobiology and molecular genetics of resilience. *Nat. Rev. Neurosci.* 2009;10(6):446. doi:10.1038/nrn2649

426 Feder, A., Nestler, E.J., Charney, D.S Psychobiology and molecular genetics of resilience. *Nat. Rev Neurosci.* 009;10(6):446. doi:10.1038/nrn2649.

427 Russo, S.J., Murrough, J.W., Han, M., Charney, D.S., Nestler, E.J. Neurobiology of resilience. *Nat. Neurosci.* 2012;15(11):1475. doi:10.1038/nn.3234.

428 Feder, A., Nestler, E.J., Charney, D.S. Psychobiology and molecular geneticsof resilience. *Nat. Rev. Neurosci.* 2009;10(6):446. doi:10.1038/nrn2649.

429 Russo, S.J., Murrough, J.W., Han, M., Charney, D.S., Nestler, E.J. Neurobiology of resilience. *Nat. Neurosci.* 2012;15(11):1475. doi:10.1038/nn.3234.

Auswirkungen von Stress und zudem einer der wichtigsten Hirnbereiche, die die HPA-Achse steuern. Ein weiterer Hirnbereich, der die Stresswege stark kontrolliert, ist der mediale präfrontale Kortex (mPFC)[430].

Persönlichkeit

Auch Persönlichkeitsunterschiede können teilweise erklären, wie Hunde mit Stressoren umgehen. Neurotizismus ist ein Persönlichkeitsmerkmal, bei dem Individuen mit hohen Werten eher Gefühle wie Angst und Furcht empfinden[431]. In Studien zur Persönlichkeit von Hunden sind die Eigenschaften Ängstlichkeit (verwandt mit Neurotizismus) und Geselligkeit (oder Extraversion) die am häufigsten auftretenden Persönlichkeitsmerkmale[432, 433, 434]. Bei Hunden wird ein hohes Maß an Ängstlichkeit als pathologisch und problematisch angesehen. Angst ist eine grundlegende Emotion, die ein Individuum zum Überleben braucht[435]. Sie kann jedoch pathologisch werden, wenn sie länger andauert und generalisiert ist. Ein klarer Zusammenhang zwischen verschiedenen Ängsten (z. B. Geräuschangst, Trennungsangst und Furcht) gibt zudem Hinweise darauf, dass eine ängstliche Persönlichkeit den Hund für zusätzliche Ängste und stereotypem Verhalten prädisponieren kann[436]. Ein sehr ängstlicher Hund erholt sich möglicherweise nie von einem traumatischen Erlebnis. Bei Hunden hat sich gezeigt, dass Impulsivität ein über die Zeit stabiles Merkmal ist, und es wird vermutet, dass eine hohe Impulsivität Verhaltensprobleme bei Hunden vorhersagen kann[437]. Es wird angenommen, dass bei Hunden mit Angststörungen die emotionale Regulation gestört ist und es wurde festgestellt, dass die Herzfrequenzvariabilität (HRV) mit der Fähigkeit, Emotionen zu regulieren, in Zusammenhang steht – eine geringe Variation spiegelt eine geringe Fähigkeit zur Emotionsregulierung wider. Bei ängstlichen und aggressiven Hunden mit Problemverhalten wurde eine niedrige HRV festgestellt[438].

430 Liu, H., Zhang, C., Ji, Y., Yang, L. Biological and psychological perspectives of resilience: is it possible to improve stress resistance? *Front. Hum. Neurosci.* 2018;12. doi:10.3389/fnhum.2018.00326.

431 Thompson, E.R. Development and validation of an international English big-five mini-markers. *Pers. Individ. Dif.* 2008;45(6):542 – 548. doi:10.1016/j.paid.2008.06.013.

432 Svartberg, K., Forkman, B. Personality traits in the domestic dog *(Canis familiaris)*. *Appl. Anim. Behav. Sci.* 2002;79(2):133 – 155.doi:10.1016/S0168-1591(02)00121-1.

433 Jones, A.C., Gosling, S.D. Temperament and personality in dogs *(Canis familiaris)*: a review and evaluation of past research. *Appl. Anim. Behav. Sci.* 2005;95(1 – 2):1 – 53. doi:10.1016/j.applanim.2005.04.008.

434 Ley, J.M., Bennett, P.C., Coleman, G.J. Personality dimensions that emerge in companion canines. *Appl. Anim. Behav. Sci.* 2008;110 (3):305–317. doi:10.1016/j.applanim.2007.04.016.

435 Bateson, M., Brilot, B., Nettle, D. Anxiety: an evolutionary approach. *Can. J. Psychiatry.* 2011;56(12):707–715. doi:10.1177/0706743711 05601202.

436 Tiira, K., Hakosalo, O., Kareinen, L., et al. Environmental effects on compulsive tail chasing in dogs. *PLoS One.* 2012;7(7):e41684. doi:10.1371/journal.pone.0041684.

437 Wright, H.F., Mills, D.S., Pollux, P.M.J. Behavioural and physiological correlates of impulsivity in the domestic dog *(Canis familiaris)*. *Physiol. Behav.* 2012;105(3):676 – 682. doi:10.1016/j.physbeh.2011.09.019.

438 Wormald, D., Lawrence, A.J., Carter, G., Fisher, A.D. Reduced heart rate variability in pet dogs affected by anxiety-related behaviour problems. *Physiol. Behav.* 2017; 168:122 – 127. doi:10.1016/j.physbeh.2016.11.003.

Bei Hunden sind ein hohes Maß an Offenheit, Kontaktfreudigkeit sowie starke emotionale und Frustrationskontrolle zusammen mit der Fähigkeit, sich Veränderungen anzupassen und Flexibilität zu zeigen, wahrscheinlich die entscheidenden Bestandteile der Resilienz. So zeigen extrovertiertere Hunde (im Vergleich zu scheuen Hunden) im Tierheim, einer stressigen und sehr infektiösen Umgebung, signifikant bessere Resilienz gegen Krankheiten[439].

Da sich Offenheit und Kontaktfreudigkeit zwischen verschiedenen Rassen unterscheiden, könnte dies auch bedeuten, dass einige Rassen widerstandsfähiger sind, wenn sie mit Widrigkeiten konfrontiert werden, als andere? Auch das ist noch eine spannende Forschungsfrage.

Positive Emotionen und Optimismus sind wichtig für die psychische Gesundheit unserer Hunde, da diese Eigenschaften vor Stress schützen[440]. Emotionale Zustände (oder Persönlichkeiten) wurden bei Hunden mit Hilfe verschiedener Test gemessen, und Hunde mit Trennungsangst oder mit Schmerzen waren in diesen Studien pessimistischer[441, 442]. Können wir davon ausgehen, dass optimistischere Hunde widerstandsfähiger sind, da sich Hunde auch in ihrem Optimismus zu unterscheiden scheinen? In einer kürzlich durchgeführten Studie wurde ein Zusammenhang zwischen Persönlichkeit und kognitiver Voreingenommenheit festgestellt: gesellige und erregbare Hunde waren optimistischer. Hunde mit trennungsbedingtem Verhalten und Hund-Hund-Aggression/Angst waren eher pessimistisch[443]. Kontaktfreudige Hunde sind in ihrer Interaktion mit der Umwelt optimistischer, und dieses Persönlichkeitsmerkmal kann als Schutzfaktoren wirken, wenn sie mit ungünstigen Erfahrungen konfrontiert werden.

439 Corsetti, S., Borruso, S., Di Traglia., M,et al. Bold personality makes domestic dogs entering a shelter less vulnerable to diseases. *PLoS One.* 2018;13(3):e0193794. doi:10.1371/journal.pone.0193794.

440 Zapata, I., Serpell, J.A., Alvarez, C.E. Genetic mapping of canine fear and aggression. *BMC Genomics.* 2016;17(1):572. doi:10.1186/s12864-016-3328-4.

441 Karagiannis, C., Burman, O., Mills, D. Dogs with separation-related problems show a „less pessimistic" cognitive bias during treatment with fluoxetine (Reconcile™) and a behaviour modification plan. *BMC Vet. Res.* 2015; 11:1. doi:10.1186/s12917-015-0373-1.

442 Cockburn, A., Smith, M., Rusbridge, C., et al. Evidence of negative affective state in Cavalier King Charles Spaniels with syringomyelia. *Appl. Anim. Behav. Sci.* 2018; 201:77 – 84. doi:10.1016/j.applanim.2017.12.008

443 Barnard, S., Wells, D.L., Milligan, A.D.S., Arnott, G., Hepper, P.G. Personality traits affecting judgement bias task performance in dogs *(Canis familiaris). Sci. Rep.* 2018;8(1):6660. doi:10.1038/s41598-018-25224-y.

Mütterliche Fürsorge

Auch Unterschiede im mütterlichen Betreuungsstil der Hündin stehen in Zusammenhang mit Resilienz. Eine hochwertige mütterliche Betreuung (ein hohes Maß an Pflege und Belecken) führt dazu, dass Welpen weniger ängstlich sind, nach Stresserfahrungen niedrigere Korticosteronwerte aufweisen und eine höhere Expression von Glucocorticoidrezeptoren im Gehirn haben, und zwar nicht nur als Jungtiere, sondern auch im Erwachsenenalter. Diese Veränderungen sind auch noch nach mehreren Generationen zu beobachten und sind somit generationsübergreifend[444].

Bei Hunden wurde festgestellt, dass eine gute mütterliche Fürsorge mit folgenden Eigenschaften der Nachkommen in Verbindung gebracht wird: geringere Ängstlichkeit, weniger stereotypes Verhalten, geringere Stressreaktion in neuen Situationen sowie erhöhte Kontaktfreudigkeit, Konzentration und Verspieltheit[445]. Bei Nagetieren haben Mütter, die sich gut um ihren Nachwuchs kümmern, auch Töchter die ebenfalls gute Mütter sind, was wahrscheinlich auf generationsübergreifende, epigenetische Effekte zurückzuführen ist. Mütterliches Verhalten hat eine vererbbare Komponente, und Studien zeigen, dass die mütterliche Fürsorge auch bei anderen domestizierten Tierarten zwischen verschiedenen Rassen variiert[446].

Daher kann es durchaus sein, dass sich Hunderassen im mütterlichen Verhalten unterscheiden. Die Züchtung hat zwar zu großen Unterschieden in der Morphologie und im Verhalten geführt, kann aber bei einigen Rassen auch eine entspannte Selektion in Bezug auf die mütterliche Fürsorge bewirkt haben. Natürliche und möglicherweise sogar rassebedingte Unterschiede in der mütterlichen Fürsorge (vermittelt durch epigenetische oder/und genetische Faktoren) können einen großen Einfluss auf Unterschiede in der Psychopathologie bei Hunden haben!

Stressoren im frühen Leben, andere Widrigkeiten und das Umfeld des Heranwachsenden

Wenn Welpen ohne angemessene soziale, emotionale oder sensorische Stimulation aufwachsen, kann dies zu Fehlfunktion der Gehirnschaltkreise führen. Dementsprechend kann eine angereicherte Umgebung mehrere positive Effekte haben, z. B. eine Zunahme des Gehirngewichts sowie eine Zunahme der Dichte und Anzahl

444 Meaney, M.J. Maternal care, gene expression, and the transmission of individual differences in stress reactivity across generations. *Annu. Rev. Neurosci.* 2001;24(1):1161 – 1192. i:10.1146/annurev.neuro.24.1.1161.

445 Foyer, P.,Wilsson, E., Jensen, P. Levels of maternal care in dogs affect adult offspring temperament. *Sci. Rep.* 2016;6(1):19253. doi:10.1038/srep19253.

446 Dwyer, C.M., Gilbert, C.L., Lawrence, A.B. Prepartum plasma estradiol and postpartum cortisol, but not oxytocin, are associated with interindividual and breed differences in the expression of maternal behaviour in sheep. *Horm. Behav.* 2004;46(5):529 – 543. doi:10.1016/j.yhbeh.2004.05.011.

der Blutgefäße. Es wurde auch festgestellt, dass eine angereicherte Umgebung mit einer Zunahme der dendritischen Elemente, der Synapsen, der Größe der Neuronen-Somas und der Glia im Gehirn einhergeht[447].

Eine reichhaltigere Umgebung während der Entwicklung scheint einen Puffer gegen Stress im späteren Leben zu sein, und es hat sich gezeigt, dass eine gute Sozialisierung von Welpen Ängste verringert[448]. Bei Hunden kann eine bereicherte frühe Umgebung im Alter von 3 bis 5 Wochen langanhaltende Auswirkungen auf die Fähigkeit haben, mit neuen Situationen umzugehen[449]. So präsentierte eine Studie, die Welpen im Alter von 3 bis 5 Wochen Videofilme zeigte, verringerte Werte für Neophobie und weniger Ängste im Erwachsenenalter[450]. Erfahrungen und Lebensereignisse im Alter von 3 bis 12 Wochen (die so genannte sensible Phase) haben langanhaltende Auswirkungen auf das Verhalten des erwachsenen Hundes, so dass auch die Trennung im Alter von frühestens zwölf Wochen dem Hund die Möglichkeit gibt sich gut durch und mit seiner Mutter und seinen Geschwistern zu sozialisieren[451].

Häufige negative Lebensereignisse können sich negativ auf die Widerstandsfähigkeit des Hundes auswirken. So besteht ein erhöhtes Risiko für verschiedene Verhaltensprobleme, einschließlich Aggression und Angst, wenn der Hund aus einer Auffangstation oder einer Tierhandlung stammt[452]. Eine Zwingerumgebung und der Verlust des Besitzers sind für die meisten Hunde traumatische Erfahrungen und verursachen ein hohes Maß an Angst – bis zu 68 % der Tierheimhunde wurden von ihren neuen Besitzern als ängstlich bezeichnet. Darüber hinaus sind Zwinger und Zoohandlungen als aversive Umgebungen weitere Faktoren, die Ängste begünstigen, und viele Welpen aus Zoohandlungen stammen von Vermehrern, in denen die Persönlichkeit des Hundes nur selten als Zuchtkriterium verwendet wird[453]. Auch aversives Hundetraining wirkt sich nachhaltig negativ auf die Resilienz des Hundes aus.

Eine verstärkte Interaktion zwischen Mensch und Hund kann die Kortisolreaktion von Hunden in der stressigen Tierheimumgebung verringern und so als positiver Resilienzfaktor wirken[454].

447 Kolb, B., Harker, A., Gibb, R. Principles of plasticity in the developing brain. *Dev. Med. Child. Neurol.* 2017;59(12):1218 – 1223. doi:10.1111/dmcn.13546.

448 Dudley, K.J., Li, X., Kobor, M.S., Kippin, T.E., Bredy, T.W. Epigenetic mechanisms mediating vulnerability and resilience to psychiatric disorders. *Neurosci. Biobehav. Rev.* 2011;35(7):1544 – 1551. doi:10.10 16/j.neubiorev.2010.12.016.

449 Vaterlaws-Whiteside, H., Hartmann, A. Improving puppy behavior using a new standardized socialization program. *Appl. Anim. Behav. Sci.* 2017; 197:55 – 61. doi:10.1016/j.applanim.2017.08.003.

450 Pluijmakers, J.J.T., Appleby, D.L., Bradshaw, J.W.S. Exposure to video images between 3 and 5 weeks of age decreases neophobia in domestic dogs. *Appl. Anim. Behav. Sci.* 2010;126(1):51 – 58. doi:10.1016/j.applanim.2010.05.006.

451 Scott, J.P., Fuller, J.L. Genetics and the Social Behavior of the Dog.Chicago, IL: Univ. of Chicago Press; 1965

452 Wells, D.L., Hepper, P.G. Prevalence of behaviour problems reported by owners of dogs purchased from an animal rescue shelter. *Appl. Anim. Behav. Sci.* 2000;69(1):55 – 65. doi:10.1016/S0168-1591(00)00118-0.

453 Serpell, J., Jagoe, JA. Frühe Erfahrungen und die Entwicklung des Verhaltens, in: Serpell J, editor. *The Domestic Dog. Its Evolution, Behaviour and Interactions with People.* Cambridge: Cambridge University Press; 1995:80 – 102.

454 Coppola, C.L., Grandin, T., Enns, R.M. Menschliche Interaktion und Kortisol: Kann menschlicher Kontakt den Stress von Tierheimhunden reduzieren? *Physiol. Behav.* 2006;87(3):537 – 541. doi:10.1016/j.physbeh.2005.12.001.

Bindung und soziale Beziehungen

Beim Menschen ist die Bindung zwischen Kind und Eltern eine wichtige Quelle der Resilienz. Bindungsverhalten wird beschrieben als „Suche nach Nähe, Trost oder Sicherheit". Eine sichere Bindung zwischen Hund und Halter verstärkt die Resilienz des Hundes[455].

Später im Leben sind stabile soziale Beziehungen ein Puffer gegen Widrigkeiten. Hunde können enge Beziehungen zu Individuen der gleichen und anderer Arten aufbauen. Viele Hunde leben in Einzelhundehaushalten, und die einzigen engen Beziehungen, die sie haben, bestehen zu Menschen. Es hat sich gezeigt, dass die Bindung zwischen Hund und Mensch viele Ähnlichkeiten mit der Bindung zwischen Kind und Eltern aufweist und dass sichere und unsichere Bindungsformen auch in Mensch-Hund-Beziehungen zu finden sind. Die Beziehung zwischen Hund und Mensch, die menschliche Persönlichkeit und die menschliche Bindung haben nachweislich große Auswirkungen auf die Stressbewältigung bei Hunden[456, 457].

Studien haben gezeigt, dass körperliche Bestrafung ein Risikofaktor für Psychopathologie und somit ein Risikofaktor für Resilienz ist. Bei Hunden wurde ein Zusammenhang zwischen aversiven Erziehungsmethoden und Angst, Aufmerksamkeitsdefiziten und Aggression festgestellt[458]. Bei Malinois wird der Dopamin-Transporter-Polymorphismus mit hoher Aktivität, plötzlicher Aggressivität und Unruhe in Verbindung gebracht, so dass diese Hunde anspruchsvoll in der Erziehung sind. Diese Hunde werden von ihren Hundeführern im Vergleich zu Hunden, die diesen Genotyp nicht aufweisen, mit mehr Strafen und Gewalt erzogen, was darauf hindeutet, dass das „schwierige" Verhalten der Hunde die Hundeführer dazu veranlasst, aversive Erziehungsmethoden anzuwenden. Höchstwahrscheinlich liegen beide Arten von Kausalitäten dem beobachteten Zusammenhang zwischen Verhaltensproblemen und aversiven Ausbildungsmethoden zugrunde[459].

Hunde können enge Beziehungen zu anderen Hunden und zu anderen Haustieren im Haushalt aufbauen. Studien deuten darauf hin, dass die Anwesenheit von anderen (vertrauten) Hunden im Haushalt die Widerstandsfähigkeit fördern kann. Bei Hunden aus Mehrhundehaushalten wurden weniger Ängste und Aggressionen

455 Rutten, B.P.F, Hammels, C., Geschwind, N., et al. Resilience in mental health: linking psychological and neurobiological perspectives. *Acta Psychiatr. Scand.* 2013;128(1):3 – 20. doi:10.1111/acps.1209.

456 Schoberl, I., Wedl, M., Bauer, B., et al. Effects of owner-dog relationship and owner personality on cortisol modulation in human-dog dyads. *Anthrozoos.* 2012;25(2):199 – 214. doi:10.2752/175303712X13316289505422.

457 Szabó, D., Miklósi, Á., Kubiny,i E. Owner reported sensory impairments affect behavioural signs associated with cognitive decline in dogs. *Behav. Processes.* 2018; 157:354 – 360. doi:10.1016/j.beproc.2018.07.013.

458 Blackwell, E.J., Twells, C., Seawright, A., Casey, R.A. The relationship between training methods and the occurrence of behavior problems, as reported by owners, in a population of domestic dogs. *J. Vet. Behav.* 2008;3(5):207 – 217. doi:10.1016/j.jveb.2007.10.008.

459 Lit, L., Belanger, J.M., Boehm, D., et al. Characterization of a dopamine transporter polymorphism and behavior in Belgian Malinois. *BMC Genet.* 2013;14(45):45. doi:10.1186/1471-2156-14-3.

beobachtet als bei Hunden aus Einzelhundhaushalten[460]. Darüber hinaus wurde die Gesellschaft anderer Hunde mit einer schnelleren Erholung einer angstauslösenden Erfahrung in Verbindung gebracht. Bei geräuschempfindlichen Hunden, die mit Artgenossen zusammenleben, wurde eine weniger ausgeprägte Reaktivität und eine schnellere Erholung von den angstauslösenden Reizen beobachtet als bei Hunden, die alleine lebten[461]. Wölfe und Wildhunde haben komplexe soziale Strukturen und leben nur selten allein, daher ist es kaum verwunderlich, dass auch die Gesellschaft anderer Hunde als Stressresilienzfaktor wirken kann. Das Ausmaß der Resilienz hängt jedoch stark von den gegenseitigen Beziehungen zwischen den Hunden in Mehrhundehaushalten ab. Bei Experimenten mit sozialen Niederlagen wurden hohe Kortikosteronwerte, angstähnliches Verhalten und verschiedene zelluläre und molekulare Veränderungen beobachtet[462]. In Haushalten mit mehreren Hunden kann das Aufwachsen in einer instabilen, aggressiven und feindseligen Umgebung schwerwiegende negative Auswirkungen auf die Widerstandsfähigkeit haben. Die positiven Auswirkungen sind also nur in einem harmonischen Gruppenverband zu finden!

Körperliche Aktivitäten

Körperliche Aktivität ist durchweg mit guten Ergebnissen für die psychische Gesundheit verbunden und wird mit einer verbesserten Neuroplastizität und Stressreaktion in Verbindung gebracht; außerdem scheint sie die Auswirkungen psychologischer Stressfaktoren zu mildern. Durch die Verbesserung der Neuroplastizität kann körperliche Betätigung die Fähigkeit des Einzelnen zur Verhaltensanpassung in verschiedenen Situationen fördern[463]. Auch bei bestimmten neurologischen Erkrankungen beim Menschen (Depression, Alzheimer-Krankheit, Parkinson-Krankheit, Schlaganfall) kann körperliche Betätigung nachweislich die Folgen lindern[464]. Bei Hunden wurde festgestellt, dass das tägliche Bewegungspensum mit verschiedenen Ängsten in Zusammenhang steht. Hunde, die nicht an 1) Geräuschempfindlichkeit, 2) Trennungsangst oder 3) Ängstlichkeit litten, bewegten sich und explorierten deutlich mehr als Hunde mit diesen Ängsten. Es wurde auch festgestellt, dass weniger ängstliche Hunde längere Spaziergänge mit mehr kognitiver Anreicherung machen[465]. In einer großen Studie mit Labradoren wurde festgestellt, dass Hunde, die sich täglich mehr

460 Serpell, J.A., Duffy, D.L. Aspects of juvenile and adolescent environment predict aggression and fear in 12-month-old guide dogs. *Front. Vet. Sci.* 2016;3(June):49. doi:10.3389/fvets.2016.00049.

461 Dreschel, N.A., Granger, D.A. Physiological and behavioral reactivity to stress in thunderstorm-phobic dogs and their caregivers. *Appl. Anim. Behav. Sci.* 2005;95(3):153–168. doi:10.1016/j.applanim.2005.04.009.

462 Rutten, B.P.F., Hammels, C., Geschwind, N., et al. Resilience in mental health: linking psychological and neurobiological perspectives. *Acta Psychiatr. Scand.* 2013;128(1):3–20. doi:10.1111/acps.1.

463 Rutten, B.P.F., Hammels, C., Geschwind, N., et al. Resilience in mental health: linking psychological and neurobiological perspectives. *Acta Psychiatr. Scand.* 2013;128(1):3–20. doi:10.1111/acps.1.

464 Wrann, C.D., White, J.P., Salogiannnis, J., et al. Exercise Induces Hippocampal BDNF through a PGC-1á/FNDC5 Pathway. *Cell Metab.* 2013;18(5):649–659. doi:10.1016/j.cmet.2013.09.008.

465 Tami, G., Barone, A., Diverio, S. Relationship between management factors and dog behavior in a sample of Argentine Dogos in Italy. *J. Vet. Behav.* 2008;3(2):59–73. doi:10.1016/j.jveb.2007.09.002.

bewegten (2–3 Stunden), weniger aggressiv und weniger ängstlich waren als Hunde, die sich wenig bewegten. Diese und andere Studien legen nahe, dass Bewegung und Exploration für die psychische Gesundheit des Hundes essenziell ist[466]. Aber auch hier gilt: Keine Überforderung und individuell angepasst – positiv sind Erkundung, ganz in Ruhe und mit Zeit, und ein gemeinsames Wahrnehmen der Umwelt – nicht eine Stunde stupide am Fahrrad laufen oder an kurzer Leine beim Joggen begleiten!

Genetik

Gene, die an der Regulierung der HPA-Achse beteiligt sind, wie der Glukokortikoidrezeptor (GR) und FKBP5, werden mit individueller Resilienz in Verbindung gebracht. Darüber hinaus wurde in Studien an Nagetieren und Menschen festgestellt, dass Serotonintransporter-Gene, COMT, BDNF und Gene, die für Neuropeptid Y (NPY) kodieren, mit Resilienz in Verbindung stehen[467]. Viele psychiatrische Störungen weisen eine sehr hohe Erblichkeit auf. Ein gutes Beispiel ist die Genetik der Depression, die ebenfalls stark polygenetisch zu sein scheint. Bislang wurden 102 genetische Loki gefunden, die mit Depressionen beim Menschen in Verbindung stehen[468].

Bei Hunden wurde festgestellt, dass mehrere genetische Loki entweder ein erhöhtes Risiko oder eine schützende Wirkung für Ängstlichkeit haben. Das Allel, das eine schützende Wirkung gegen Ängstlichkeit und Aggressivität hat, war bei den meisten der untersuchten Hunderassen verbreitet, mit Ausnahme von Dackeln und Yorkshire Terriern, die ein Risiko-Allel trugen. In derselben Studie wurde festgestellt, dass die Varianten der IGF1- und HMGA2-Loci, die bei Hunden mit geringer Körpergröße assoziiert sind, auch mit verschiedenen angstbedingten Verhaltensweisen verbunden sind. Diese Studie deutet darauf hin, dass einige kleinwüchsige Hunde aufgrund genetischer Faktoren eine erhöhte Ängstlichkeit und möglicherweise eine geringere Belastbarkeit aufweisen[469].

In einer Studie mit Schäferhunden wurde ein genomischer Bereich gefunden, der sich zwischen Hunden mit und ohne Geräuschangst unterscheidet[470]. Es wurden sehr hohe Erblichkeiten für 14 Verhaltensmerkmale wie Aggression und Angst vor Fremden, Trainierbarkeit und nicht-soziale Angst festgestellt und darüber hinaus 131 Einzelnukleotid-Polymorphismen gefunden, die mit dem Verhalten in Verbindung

466 Lofgren, S.E., Wiener, .P, Blott, S.C., et al. Management and personality in Labrador Retriever dogs. *Appl. Anim. Behav. Sci.* 2014;156:44 – 53.doi:10.1016/j.applanim.2014.04.00.

467 Feder, A., Nestler, E.J., Charney, D.S. Psychobiology and molecular genetics of resilience. *Nat. Rev. Neurosci.* 2009;10(6):446. doi:10.1038/nrn2649.

468 Geschwind, D.H., Flint, J. Genetics and genomics of psychiatric disease. *Science.* 2015;349(6255):1489. doi:10.1126/science.aaa8954.

469 Zapata, I., Serpell, J.A., Alvarez, C.E. Genetic mapping of canine fear and aggression. *BMC Genomics.* 2016;17(1):572. doi:10.1186/s12864-016-3328-4.

470 Sarviaho, R., Hakosalo, O., Tiira, K., et al. Two novel genomic regions associated with fearfulness in dogs overlap human neuropsychiatric loci. *Transl. Psychiatry.* 2019; 9:1 – 11. doi:10.1038/s41398-018-0355-8.

stehen[471]. Alles in allem deutet dies darauf hin, dass bei Hunden eine genetische Prädisposition für verschiedene Verhaltens- und Persönlichkeitsmerkmale wie Ängstlichkeit und Geräuschangst besteht, aber auch, dass manche Hunde(rassen?) möglicherweise schützende Allele besitzen.

Die Ergebnisse dieser genetischen Studien deuten darauf hin, dass wir die Widerstandsfähigkeit von Hunden durch gute Zuchthygiene erhöhen können. Begünstigen wir in der Hundezucht die Resilienz? Oder eher das Aussehen?

Eine Studie, in der zwei australische Kelpie-Populationen untersucht wurden, und zwar eine Arbeitslinie und eine Showlinie, deutet darauf hin, dass die Zucht auf Widerstandsfähigkeit zwar in bestimmten, aber nicht in allen Populationen stattfindet. In der Population der Arbeitshunde wurde ein selektiver Einfluss festgestellt, und Gene in diesem Bereich wurden mit der Bildung des Furchtgedächtnisses und der Schmerzwahrnehmung-Eigenschaften, die die Widerstandsfähigkeit fördern – in Verbindung gebracht. Dieser selektive Einfluss wurde nur bei aktiven Gebrauchshunden festgestellt, nicht aber bei der Showpopulation, die hauptsächlich auf Aussehen gezüchtet wurde. Diese Studie deutet darauf hin, dass (manche) aktive Arbeitshunde Resilienzfördernde Eigenschaften besitzen die in der Showpopulation nicht (mehr) vertreten sind[472].

Epigenetik

Frühe Erfahrungen haben häufig prägenden Einfluss auf den Hund über seine gesamte Lebensspanne; die Auswirkungen dieser Erfahrungen enden jedoch nicht notwendigerweise dort, sondern können sich über mehrere Generationen fortsetzen. Epigenetik bezieht sich auf vererbbare Veränderungen der Genexpression. Mehrere Studien zeigen, dass schädliche Umwelteinflüsse (z. B. Trauma, Trennung der Mutter, unvorhersehbarer mütterlicher Stress) langfristige Veränderungen der Stressanfälligkeit verursachen können, die über mehrere Generationen hinweg nachweisbar sind[473].

Anderseits hat eine angereicherte Umgebung in der Welpenzeit eine große positive Auswirkung und Studien deuten darauf hin, dass auch diese über epigenetische Effekte über Generationen hinweg vermittelt werden können. Dies unterstreicht den Wert positiver Erfahrungen wie Enrichment im Welpenalter, da sie sich nicht nur auf

471 MacLean, E.L., Snyder-Mackler, N., vonHoldt, B.M., Serpell, J.A. Highly heritable and functionally relevant breed differences in dog behaviour. *Proc. R. Soc. B.* 2019; 286:20190716. doi:10.1098/rspb.2019.0716.

472 Arnott, E.R., Peek, L., Early, J.B., et al. Strong selection for behavioural resilience in Australian stock working dogs identified by selective sweep analysis. *Canine Genet Epidemiol.* 2015;2(1):6. doi:10.1186/ s40575-015-0017-6.

473 Jensen, P. Behaviour epigenetics – The connection between environment, stress and welfare. *Appl. Anim. Behav. Sci.* 2014;157:1 – 7.doi:10.1016/j.applanim.2014.02.009.

der individuellen Ebene, sondern möglicherweise auch über Generationen hinweg auswirken[474]!

Medikamente

In manchen Fällen werden zusätzlich zur Verhaltenstherapie auch Medikamente für die Behandlung des Hundes eingesetzt. Verhaltensprobleme bessern sich auch bei Hunden meist, wenn sie mit Humanmedikamenten gegen Depressionen und Angstzustände behandelt werden. In der Tat ist das Psychopharmakapotenzial bei Hunden fast dasselbe wie bei Menschen. Die Tatsache, dass diese Medikamente bei Hunden wirken, spricht für gemeinsame biologische Mechanismen der Stimmungsregulierung.

Serotonin- und Noradrenalin-Wiederaufnahmehemmer gehören zu den am häufigsten verschriebenen Medikamenten in der Verhaltensmedizin für Tiere. Beispielhaft zu nennen ist hier das Fluoxetinhydrochloridpräparat Reconcile. Reconcile ist die veterinärmedizinische Marke von Fluoxetinhydrochlorid, beim Menschen besser bekannt als Prozac. Fluoxetinhydrochlorid ist ein selektiver Serotonin-Wiederaufnahmehemmer (SSRI). Es sollte immer unter der Aufsicht eines Tierarztes und in Verbindung mit einem Programm zur Verhaltensmodifikation eingesetzt werden! Andere Medikamentengruppen sind Benzodiazepine, trizyklische Antidepressiva, Betablocker und Lithium.

Clomipramin-Hydrochlorid (Clomicalm): Clomicalm ist ein trizyklisches Antidepressivum. Clomicalm wird häufig zur Behandlung von Trennungsangst bei Hunden verwandt. Dieses Medikament sollte immer unter der Aufsicht eines Tierarztes und in Verbindung mit einem Programm zur Verhaltensmodifikation verwendet werden.

474 Kolb, B., Harker, A., Gibb, R. Principles of plasticity in the developing brain. *Dev. Med. Child Neurol.* 2017;59(12):1218 – 1223. doi:10.1111/dmcn.13546.

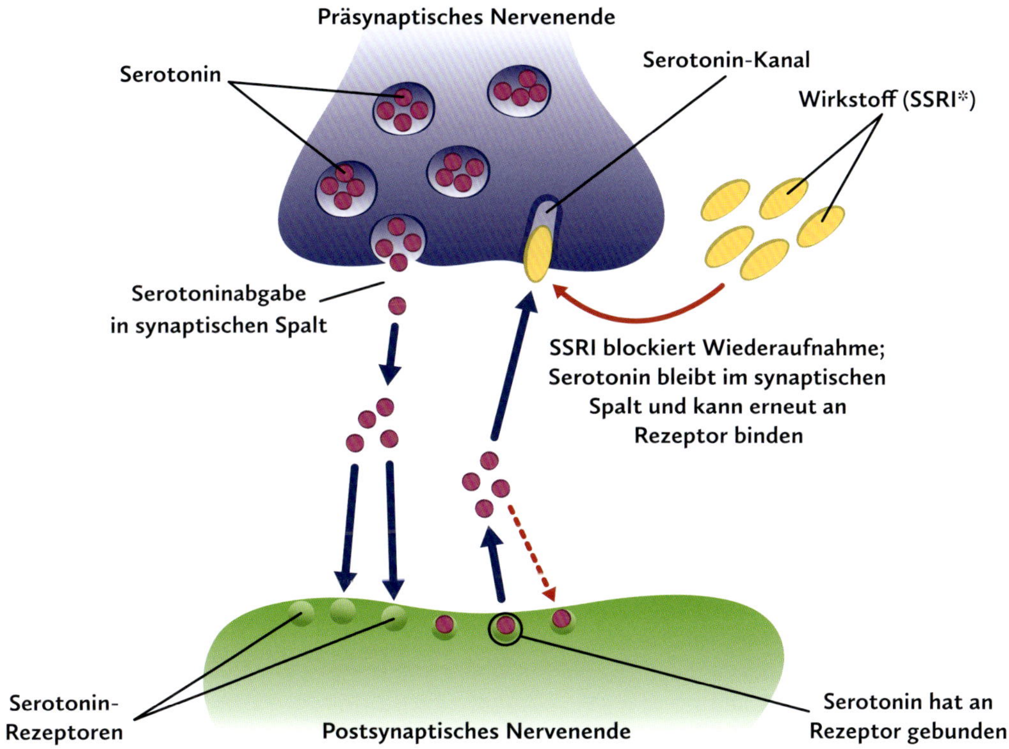

*Selektive Serotontin-Wiederaufnahme-Inhibitoren (SSRI)

Neurotransmitter

Neurotransmitter werden in den Nervenzellen gebildet und am Nervenende, den sogenannten Synapsen, gespeichert. Kommt es zum Nervenimpuls werden die gespeicherten Neurotransmitter ausgeschüttet und übertragen das Nervensignal auf das Erfolgsorgan durch Bindung an dessen Rezeptoren. Überschüssige Neurotransmitter werden abgebaut, diffundieren in die Blutbahn oder werden für erneute Impulse gespeichert.

Bei Depressionen scheint der Noradrenalinmangel eine wesentliche Rolle zu spielen, weshalb die meisten derzeit verfügbaren Antidepressiva die Wiederaufnahme von Noradrenalin durch die Nervenzellen blockieren, zum Teil in Kombination mit der Unterbindung der Wiederaufnahme von Serotonin.

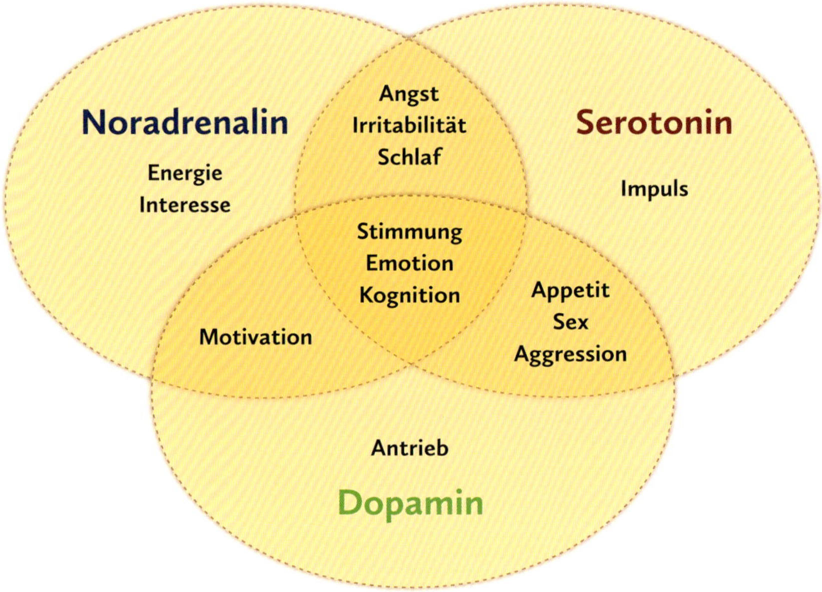

Man spricht von Noradrenalin-Reuptake-Inhibitoren (NRI) in Kombination mit der Blockade der Serotonin-Wiederaufnahme von SNRI (Serotonin-Noradrenalin-Reuptake-Inhibitoren). Durch die Antidepressiva wird die verfügbare Menge an Noradrenalin (und Serotonin) an den Übertragungsstellen im Gehirn faktisch erhöht, wodurch die Stimmung verbessert und der Antrieb gesteigert werden kann.

Antidepressiva haben einen weiteren positiven Effekt, da sie wie die Neurotransmitter selbst die Neurogenese stimulieren und die Regeneration von Hirnfunktionen anregen. Dieser wertvolle Effekt der Neubildung von Nervenzellen aus sog. Progenitor- oder Stammzellen wurde erstmals am ältesten SSRI, Fluoxetin nachgewiesen und hat eine intensive Suche nach neuen Wegen der Behandlung von psychischen Erkrankungen wie der primären Depression eingeleitet.

Depression
− Sonnenlicht-Exposition, Tag/Nacht-Zyklus
+ Oxidativer Stress
− Neurogenese
+ Entzündliche Prozesse
Stress, hormonelle Veränderungen
− Testosteron
− Östrogen
+ Kortisol
− Tryptophan
− Noradrenalin
Monoamine:
− Serotonin
− Dopamin
− Melatonin

Selektive Serotonin-Wiederaufnahmehemmer (SSRI)	Monoaminoxidase-Hemmer (MAO-Hemmer) oder auch -Inhibitoren (MAOI)
Fluoxetin (Prozac), Fluvoxamin[475], Sertralin (Zoloft) oder Paroxetin (Paxil). Fluoxetin (Markennamen: Prozac®, Reconcile®, Sarafem®) ist ein SSRI-Antidepressivum, das zur Behandlung einer Reihe von Verhaltensstörungen bei Hunden und Katzen eingesetzt wird.	Hemmen das Enzym Monoaminoxidase (MAO) und den Abbau von biogenen Aminen. Aufgrund dieser Eigenschaft werden sie als Antidepressiva genutzt.
Die Medikamente dürfen nicht in Verbindung mit einem Floh-/Zeckenhalsband benutzt werden!	Selegilin (Anipryl ein Monoaminoxidase-Hemmer (MAOI), der für die Behandlung des Syndroms der kognitiven Dysfunktion oder der senilen Demenz bei Hunden zugelassen ist.
Die folgenden Medikamente sollten mit Vorsicht angewendet werden, wenn sie zusammen mit Fluoxetin verabreicht werden: Antikoagulantien, Buspiron, Cyproheptadin, Diazepam, Alprazolam, Diuretika, Insulin, Isoniazid, Monoaminoxidase-Hemmer (MAOIs), NSAIDs, Pentazocin, Phenytoin, Propranolol, Metoprolol, St. Johanniskraut, Tramadol, trizyklische Antidepressiva (TCAs), oder Trazodon.	
Fluoxetin sollte nicht bei Hunden • mit einer Vorgeschichte von Krampfanfällen verwendet werden, • bei Hunden, die jünger als 6 Monate alt sind, • bei aggressiven Hunden. • bei Hunden mit Diabetes mellitus, • bei Hunden mit schweren Lebererkrankungen • bei trächtigen oder stillenden Hündinnen.	
Nebenwirkungen: Schläfrigkeit, verminderter Appetit, Erbrechen, Durchfall, Zittern, Unruhe, Hecheln, Winseln/Vokalisation, Ataxien, Hypersalivation und Gewichtsverlust. Zu den schwerwiegenden Nebenwirkungen gehören Krampfanfälle, Aggression und übermäßiges/ständiges Erbrechen.	

475 Bazin, I., Desmarchelier, M. Retrospective study on the use of fluvoxamine in 72 dogs with anxiety disorders, *Journal of Veterinary Behavior,* Volume 50, 2022,Pages 60–69, ISSN 1558-7878, https://doi.org/10.1016/j.jveb.2022.01.001.

Trizyklische Antidepressiva (TZA); nichtselektive Monoamin-Rückaufnahme-Inhibitoren (NSMRI).	Nebenwirkung
Hemmen die Wiederaufnahme der Neurotransmitter Serotonin und Noradrenalin in die Synapsen. Heute sind trizyklische Antidepressiva nicht mehr Mittel der ersten Wahl zur Depressions-Behandlung, da sie gegenüber moderneren Antidepressiva deutlich stärkere Nebenwirkungen aufweisen. Ihre Wirkung auf die Neurotransmitter-Systeme ist nur wenig selektiv.	
Einzelne Wirkstoffe • Amineptin • Amitriptylin • Amoxapin • Butriptylin • Cianopramin • Clomipramin • Desipramin • Dibenzepin • Dosulepin • Doxepin • Imipramin • Iprindol • Lofepramin • Maprotilin • Melitracen • Nortriptylin • Opipramol • Protriptylin • Tianeptin • Trimipramin	Verstopfung; Appetitlosigkeit; trockener Mund/Augen; erhöhte Ängstlichkeit; Tachykardie/Tachyarthytmie; Sedation; Harnverhalt

Name	Nebenwirkung
Buspiron	Kann Aggression oder Angst erhöhen
Benzodiazepine:	
Alprazolam Clorazepat Diazepam	Unruhe; Ataxie; Polyphagie; Sedation
Monoaminoxidase-Hemmer	
Selegilin	Unruhe; Desorientiertheit; Übelkeit/Erbrechen
Selektive Serotonin-Antagonisten-Wiederaufnahmehemmer	
Trazodon	Sedierend; Angsterhöhend
Selektive Serotonin-Wiederaufnahmehemmer	
Fluoxetin Paroxetin Sertralin	Unruhe; erhöhte Ängstlichkeit; Appetitlosigkeit; Tremor; Sedation

7.

Fazit

Die Entstehung, der Verlauf und die Heilung bzw. Verbesserung psychischer Erkrankungen unserer Hunde werden von vielen verschiedenen Faktoren beeinflusst. So gibt es Rassen, die prädisponiert für bestimmte Verhaltensauffälligkeiten sind. Das lässt sich häufig auf eine schlechte Zuchthygiene zurückführen, da die meisten Rassehunde auf Aussehen und nicht auf Gesundheit selektiert werden. Es gibt Hinweise darauf, dass eine mutige und soziale Persönlichkeit ein Puffer gegen Widrigkeiten bilden kann. Da sich bestimmte Persönlichkeitsmerkmale auch von Rasse zu Rasse unterscheiden können, kann es durchaus sein, dass einige Rassen stressresistenter sind als andere. Die Zucht auf Stressresistenz (Begünstigung von Persönlichkeitsmerkmalen, die mit Stressresistenz einhergehen) sollte eines der Hauptziele der Zucht bei jeder Hunderasse sein; die wichtigsten Kriterien sind jedoch weltweit immer noch das Aussehen. Zudem spielt die Epigenetik eine signifikante Rolle und epigenetische Forschungsergebnisse zeigen einen Zusammenhang mit Veränderungen im Lebenslauf sowie der Ausbildung von psychischen Krankheiten durch die erlebte Umwelt unserer Hunde.

Dazu kommt, dass viele Halter und/oder Züchter bestimmte Verhaltensauffälligkeiten nicht als solche zu deuten wissen. Die Halter erkennen die Verhaltensveränderungen ihres Hundes nicht oder sie interpretieren diese als harmlos. Darüber hinaus versuchen viele Halter erst dann unerwünschte Verhaltensweisen zu beseitigen, wenn die Symptome so stark sind, dass sie im täglichen Verhalten des Hundes überwiegen. Auch Hundetrainer, die häufig einen großen Einfluss auf die Hundehalter haben, sind meist nicht in Psychopathologien geschult und es hat sich gezeigt, dass viele Hundetrainer psychische Erkrankungen nicht als solche erkennen. Das bedeutet im nächsten Schritt, dass viele Erkrankungen nicht oder falsch behandelt werden. Hier liegt noch ein großes Aufklärungs- und Weiterbildungspotenzial. Aufklärung und Bewusstseinsbildung sind wichtige proaktive Instrumente, um die psychische Belastung unserer Hunde zu verringern!

Auch das Alter und das Geschlecht spielen bei vielen Krankheitsbildern eine Rolle. So lassen sich bestimmte Zwänge häufig schon im Junghundalter erkennen. Manche Erkrankungen treten zudem häufiger bei dem einen (Rüden: ADHS; Hündinnen Ängste) oder anderen Geschlecht auf.

Von immenser Wichtigkeit ist auch der Gesundheitszustand des Hundes, insbesondere in Bezug auf Resilienzfaktoren. Vielen von diesen können wir als Halter positiv beeinflussen, um so eine gute Basis zu schaffen unseren Hund vor physischen und psychischen Erkrankungen zu schützen. Und Resilienz bedeutet nicht, einen Tefloneffekt zu trainieren, an dem alles abperlt oder den „erwünschten" Hund zu erhalten. Einen Hund zu stärken, bedeutet Selbstwirksamkeit, Motivation, eigene

Entscheidungen wachsen lassen und Ihren Hund handlungsfähig zu machen. Handlungskontrolle, Bedürfnisse durchsetzen und Eigenständigkeit zum Lösen eines Problems schulen schützen unsere Hunde! Machen Sie Ihren Hund zum Helden seines Alltags, indem er viele Dinge für sich lösen, gestalten und erarbeiten kann!

Auch Haltungsbedingungen sind extrem wichtig. Hier gilt es nicht nur nach Tierschutzvorgaben zu handeln, also keine geschlossene Hundebox einzusetzen oder mit aversiven Hilfsmitteln zu trainieren, sondern unserem Hund eine angereicherte Umgebung anzubieten, um so seine Entwicklung zu fördern und seine Selbstwirksamkeit zu stärken. Und das potenziell über Generationen!

Fehlen während der Sozialisierungsphase angemessene Umweltreize, entwickeln Hunde im Erwachsenenalter mit größerer Wahrscheinlichkeit Verhaltensprobleme. Hunde sind soziale Tiere und für ihr Wohlergehen auf soziale Interaktionen angewiesen. Aber nicht alle Formen der Interaktion sind von Natur aus angenehm für Hunde (z. B. Umarmungen, Verkleiden, überfordernde Welpengruppen, aggressive soziale Kontakte), und wir als Halter sind verantwortlich, diese Situationen zu vermeiden. Zudem sind nicht alle Hunde soziale Schmetterlinge – erlauben Sie weniger sozialen Hunden, sich aus der Interaktion mit Menschen oder Artgenossen zurückzuziehen und ihre Partner selbst zu wählen. Überdies sollte mehr Wert auf die Qualität als auf die Quantität der Sozialisierungserfahrungen gelegt werden, damit die Welpen positive Assoziationen zur Interaktion mit Menschen und Artgenossen entwickeln können.

Essenziell ist die Beziehung – das heißt die Bindung – zwischen Hund und Mensch. Der Hund braucht einen sicheren Bindungspartner an seiner Seite, der für ihn da ist, wenn er Trost oder Zuwendung benötigt, aber ihm auch die Sicherheit vermitteln, die Welt erkunden zu können und zu dürfen. Nur so kann der Hund Coping-Mechanismen entwickeln, Strategien lernen und Selbstvertrauen erlangen. Der Coping-Begriff umfasst aber nicht nur Aktivitäten des entwicklungsdienlichen Umgangs mit Belastungssituationen, sondern schließt auch alle Reaktionen des Erduldens oder Vermeidens ein. Sorgen Sie für angemessene geistige und körperliche Stimulation, um den Optimismus Ihres Hundes zu fördern, welcher wiederrum seine Resilienz stärkt und den Hund dazu veranlasst, offen und interessiert durch die Welt zu gehen. Fördern Sie Ihren Hund, seine eigenen mentalen und physischen Fähigkeiten steuern zu können. Schulen Sie Improvisationsvermögen und gute Lösungskompetenzen. Die erfolgreiche Bewältigung von psychosozialen Belastungen steht zentral im Resilienzgeschehen – durch viele kleine Hilfestellungen können Sie einen bedeutenden Unterschied in Bezug auf das psychische Wohlbefinden Ihres Hundes machen!

Danksagung

Danke Annette, Sonja, Helmut. Danke Thorin, der mir den Anstoß gab, sich mit Depressionen beim Hund zu beschäftigen. Es war oft ein schwerer Weg für dich – sicher noch mehr als für mich – und ich hoffe, wir sind jetzt in der richtigen Richtung unterwegs. Danke der fabelhaften Maria Hense für die wertvolle, sachkundige und fantastischen Erläuterungen der Beispielvideos! https://www.maria-hense.de/. Danke Akidin, der mir Wege aus seiner Trauer gezeigt hat. Danke auch Hunden wie Ando, schwer traumatisiert, die solche Steh-auf-Männchen sind und unglaubliche Resilienz beweisen. Ihr seid die Inspiration für dieses Buch gewesen und das Licht und die Hoffnung, dass wir, als eure Menschen, wenn wir nur achtsam und sensibel sind, so viel für euch tun können damit auch bei euch wieder alle Farben zurück ins Leben kommen.

Referenzen

Hier finden Sie das vollständige Literatur- und Quellenverzeichnis zum Buch zum Download.

https://www.hundebuchshop.com/nextshopcms/
Black-Dog-Literaturverzeichnis.pdf

Über die Autorin

Dr. Sandra Foltin ist als „Pottkind" im Ruhrgebiet aufgewachsen. Einen Tag nach ihrem Abitur reiste sie in die USA und aus einem Jahr geplantem Aufenthalt wurden elf. Sie studierte dort Psychologie und danach Jura und im Rahmen des Psychologiestudiums begann sie den tiergestützten Einsatz mit ihren damals drei Tierschutzhunden über die Delta Society (heute Pet Partners Program). Als sie nach Deutschland zurückkehrte, gründete sie einen Natur- und Tierschutzverein und startete erst das Projekt „Hunde-auf-Rädern", einen ehrenamtlichen Tierbesuchsdienst, und dann die Fortbildung zur tiergestützten Intervention, TTA-NRW. Diese hat zum Ziel eine hundgerechte, ethische, tierschutzangepasste und Achtsamkeitsbasierte Wissensvermittlung in Theorie und Praxis für den Bereich des tiergestützten Einsatzes. Sie setzte dann noch einen Herzenswunsch um und studierte Biologie und promovierte schließlich zum Thema Orientierungsverhalten, Exploration und Kognition des Hundes mit Aspekten der Interaktion des Mensch-Hund-Teams. Dr. Foltin engagiert sich federführend in mehreren praktischen Projekten im Tierschutz und arbeitet mit ihren Tierschutzhunden in verschieden tiergestützten Settings. Sie ist zudem wissenschaftlicher Beirat des Qualitätsnetzwerks Schulbegleithund e.V., im Vorstand von ESAAT, Mitglied bei IAHAIO und gibt Vorträge & Webinare zu verschiedenen hundbezogenen Themenbereichen. https://sandra-foltin.com/

Index

Symbole

5-HT2A-Rezeptorbindungsindizes 71

A

ADHS 28, 34, 75 ff., 156
ADHS-ähnliche Verhaltensweisen 78, 81 ff.
Adipositas 34, 38
Affektive Störungen 12
Aggression 18, 23, 30, 53, 60, 67 ff., 75, 78 ff., 86, 91 ff., 107, 134, 139, 141, 143 f., 146, 152, 154
Aggression, selbstgerichtete 60
Airedale Terrier 62
akrales Mutilationssyndrom 56
Akrodermatitis 66 f.
Alkoholiker 94
Alopezie 71
Alprazolam 51, 152, 154
Amineptin 153
Amitriptylin 153
Amoxapin 153
Amphetamin 80
Angstaggression 92
Ängstlichkeit 30, 42, 52, 81, 86 f., 113, 131, 140, 142, 145 ff., 153 f.
Angst und Furcht (Unterschiede) 52
Angst vorm Tierarzt 45
Angst vs. Furch (Unterschiede) 52
Angstzustände 8, 10, 14, 30, 34 f., 44 f., 113 f., 148
Angstzustände, Diagnosekriterien 44
Anhedonie 12, 15
Anorexia Nervosa (AN) 34, 36, 41
Anorexie 35 ff.
Anstarren 58, 60
Anteriorer cingulärer Cortex 88
Antidepressiva, trizyklische (TCA/TZA) 14, 148, 152 f.
Antikoagulantien 152
Apathie 8, 124, 133
Appetitlosigkeit 22, 35 f., 135, 153 f.
Asperger 69, 98 f.
Assistenzhund 28
Ataxie 152, 154
Ätiologie 15 f.
Aufmerksamkeitsdefizit-/Hyperaktivitätsstörung (ADHS) 76
Aufmerksamkeitsdefizitsyndrom 12
Australian Cattle Dog 75
Australian Shepherd 53
Autismus 25, 34, 41, 69, 71, 85, 98 ff.
Autismus-Spektrum-Störung 25, 41, 71, 85, 98 ff.
Autounfall 95
Aversive Erziehungsmethoden 144
Avoidant 34

B

Baby 9
Bauchfellentzündung, chronische 43
Bellen 14, 30, 60
Belohnungssystem 13, 80
Benzodiazepine 14, 51, 148, 154
Betablocker 14, 57, 148
Bewegung 31, 42, 73, 77, 82, 86 f., 95, 100, 105, 146
Bewegungsbedingungen 38
Bezugsperson 23, 24, 29, 45, 93, 107, 116 ff., 131
Bindungsparameter 12, 31
Bindungsprozess 112
Bindungsstil 22, 118
Bindungstheorie 116
Bindungstyp 119
Binge-Eating-Störung 34
Blickkontakt 100 f., 104, 119
Blinzeln 25 f.
Blinzelsynchronisation 25 f.
Border Collie 53, 62, 64 f., 74 f., 87
Bore-out 127
Boxenhaltung 116
Bulimia Nervosa (BN) 34
Bullterrier 64, 66, 69, 72 ff., 87, 107
Burn-out 22, 126 f.
Buspiron 57, 152, 154
Butriptylin 153

C

Cadherin 2 (CDH2) 71
Cairn Terrier 86 f.
Canine Compulsive Disorder (CCD) 58, 60, 70, 73
Canine-PTSD (C-PTSD) 89, 91, 93, 95, 98
Cavalier King Charles Spaniel 62
Chihuahua 87
Chinesischer Schopfhund 74, 87
Cholesterinwert 60
Churchill, Winston 7
Cianopramin 153
Citalopram 57
Clomicalm 148
Clomipramin 51, 57, 64, 148, 153
Clomipramin-Hydrochlorid 148
Clonidin 51
Clorazepat 154
Collie 30, 53, 62, 64 f., 74 f., 87
Coping-Mechanismen 12, 157
Corona 9
COVID-19 23
Cyproheptadin 152

D

Dackel 75, 146
Dalmatiner 75
Darmparasiten 42
Demenz 152
Depression 6 ff., 18, 22, 31, 34 ff., 42, 57, 70, 85, 91 ff., 109 ff., 122 ff., 128, 133, 135, 138, 145 ff., 158
Depression, Diagnosekriterien 110
Desensibilisierungstherapie 91
Desipramin 153
Deutsche Dogge 75
Deutscher Schäferhund 62, 64, 66, 74 f., 83, 87
Deutsch-Kurzhaar 62, 75
Dexmedetomidin 51
Diabetes 37 f., 41 f., 116, 152
Diabetes mellitus 38, 42, 152
Diazepam 51, 152, 154
Dibenzepin 153
Dissoziative Reaktionen 89
Diuretika 152
Do as I Do 105
Dobermann 41, 62, 71, 74 f.
Dobermannpinscher 39
Domestikation 8, 17
Dopamin 8, 56, 71, 78, 80, 83, 97, 110, 144, 150
Dopamin-Beta-Hydroxylase-Gen 83
Dopamin-Dysfunktion 78
Dopamin-Transporter-Gen 83
Dopamin-Transporter-Polymorphismus 56, 144
Dorfhund 18 ff.
Dosulepin 153
Doxepin 153
DSM (Diagnostic and Statistical Manual of Mental Disorders) 14 ff., 34, 39 ff., 44, 59, 76, 77, 89, 98 f., 110, 133
Duloxitin 57
Durchfall 22, 67 f., 152

E

Ektoparasiten 56
Emotionale Ansteckung 10, 25, 28, 106, 132
English Setter 62
Enrichment 58, 147
Entwöhnung 42, 113
Entzündliche Darmerkrankung (IBD) 42
Epigenetik 51, 115, 147, 156
Epigenetische Faktoren 46, 75, 142
Epilepsiebedingtes neurologisches Syndrom 66
Erbkrankheit 56
Erblichkeit für Verhaltensmerkmale 146
Erbrechen 22, 152, 154
Erstarren 58, 75
Escitalopram 57
Essstörung 34 f., 38 f., 118
Excoriation Disorder (Skin-Picking Disorder) 59
Exekutivfunktionen 60 f., 75

F

Fettleibigkeit 18, 34, 38 f.
Feuerwerk 46, 93 f.
Finnischer Lapphund 87
Flankensaugen 60, 63, 71 ff.
Flashback 89, 91
Fliegenjagen, imaginäres 62, 75
Fliegenschnappen 60, 74
Fluoxetin 81, 150, 152, 154
Fokaler Anfall 72
Fressstörung *(siehe Essstörung)*
Frustration, chronische 59
Frustrationstoleranz 76, 82, 85

G

GABA 78
Gedächtnisstörungen 110, 125
Gegenkonditionierung 91
Gendefekt 56
Generalisierte Angststörung (GAD) 15, 34, 52, 57
Genetik 12, 51, 80, 83, 115, 146
Genetisch bedingte Verhaltensprobleme 56
Genetische Komponente 30, 72
Genetische Prädisposition 147
Geräuschangst 30, 46, 50 ff., 140, 146 f.
Gesichtsausdrücke erkennen 106
Gewichtsveränderung 14
Ghost walking 72
Glutamat 78, 85, 123
Golden Retriever 87
Golden Retrievern 50
Großer Schweizer Sennenhund 62
Gyrus frontalis inferior 25

H

halluzinatorisches Verhalten 60, 62
Haltungsbedingungen 115, 157
Harnverhalt 153
Hecheln 22, 29, 152
Herzklopfen 44
Herz-Kreislauf-Krankheiten 38
Hilflosigkeit 12, 24, 112
Hippocampus 52, 78, 139
Hirnschädigung 41
Histamin 78
Hoarding Disorder (Pathologisches Horten) 59
Humanpräparate 14
Hundefrisör 94
Hunde-PTSD 89
s.a.: Canine-PTSD 89, 91, 93, 95, 98
Hundetrainer 14, 23, 47 ff., 93 ff., 156
Hydrozephalus 67
Hyperaktivität 30, 66, 73, 76 f., 78, 81 ff.
Hyperarousal 89
Hyperbindung 23
Hyperkeratose 67
Hypothalamus-Hypophysen-Nebennieren-Achse (HPA) 113, 139

I

ICD (International Classification of Diseases) 15 f., 91, 111
Imepitoin 51
Imipramin 153
Immunsystem 29, 37
Immunvermittelte hämolytische Anämie (IMHA) 42
Impulskontrolle 61, 88, 108
Insulin 152
Iprindol 153
Irish Setter 62
Isoniazid 152

J

Jack Russell Terrier 74, 87
Johanniskraut 152

K

Kachexie 36
Kastration 70
Komplexe Traumatisierung 93
Kontrollverlust 93
Konzentrationsschwäche 15
Kopfschütteln 56
Koprophagie 41
Körpergewicht 36, 38, 70
Körperliche Aktivität 145
Kortisol 13, 26, 53, 56, 126, 143, 151
Kortisolkonzentration im Haar (HCC) 26
Krampfanfall 152
Krebserkrankung 37
Kreislaufen 56
Kriterien der psychiatrischen Erkrankungen 15

L

Laborparameter 55
Labrador Retriever 38, 41, 87, 146
Lagotto Romagnolo 74
Langzeitstresshormon 26
Laserpointer 64
Lautäußerungen 22, 100, 131
Lebenserwartung 53
Leckdermatitis 72

Leckdermatomen 72
Leistungseffizienz 54
Leistungsfähigkeit 6, 44, 128
Lernen am Modell 46
Lernstörung 85
Lethargie 22, 56
Lichtreflexe 60
Licht-/Schattenjagen 58
Lippenlecken 29
Lithium 14, 148
Lofepramin 153

M

Magen-Darm-Problem 43
Magersucht 36
s.a.: Anorexie 35 ff.
Malinois 56, 71, 75, 83, 144
Maprotilin 153
Medikament 8, 14, 37, 48 ff., 57, 64, 70, 72, 80, 90, 110, 128, 148, 152
Mehrhundehaushalt 73, 131, 144 f.
Melitracen 153
Meta-Lernen 101
Methylphenidat 80
Metoprolol 152
Militärhund 91
Mimikry 26
Monoaminoxidase 152
Monoaminoxidase-Hemmer (MAO) 152, 154
Monotrauma 93
Mops 41
Motivationslosigkeit 14
Muskelschmerzen 15
Mütterlicher Stress 113, 147

N

Nachahmung 26, 105
Nährstoffmangel 41
Nebenwirkungen von Medikamenten 37
Nekrotisierende Meningoenzephalitis 56
Nervosität 35, 53, 83
Neuroimaging 14, 78
Neuronale Ceroid-Lipofuszinose 56
Neurotizismus 27, 140
Neurotizismuswert 27
Neurotransmitter 8, 16, 78, 80, 110, 123, 139, 149 ff.
Nierenerkrankung 37
Noradrenalin 14, 97, 126, 148 ff., 153
Noradrenalinmangel 149
Nortriptylin 153
NSAIDs 152

O

Obsessive compulsive disorder (OCD) 30 f., 58, 60, 67 ff., 88, 118
Ohrenentzündung, chronische 22
Opioidsystem 83
Opipramol 153
Orientierungslosigkeit 56
Östrogen 151
Östruszyklus 68

P

Panikattacke 44 f., 126
Panikstörung 12, 44 f., 57, 111
Panik-Trauer-System 122
Paroxetin 57, 152, 154
Paxil 152
Pembroke Welsh Corgi 74
Pentazocin 152
Persönlichkeitsmerkmal 26, 140 f., 147, 156
Pessimismus 39, 112
Pfotenkauen 29, 107
Pfotenknabbern 56
Phäochromozytom 56
Phenytoin 152
Phobie 45
Pica 34 f., 39 ff.
Pica-Syndrom 39 f.
Placebo-Effekt 14
Positive Verstärkung 47, 138
Postnatale Einflüsse 113
Posttraumatische Belastungsstörung (PTBS) 34, 89, 91, 93, 113
Posttraumatisches Stresssyndrom 8
Präfrontaler Cortex (PFC) 88
Pränatale Einflüsse 112
Pregabalin 57
Propranolol 152
Protriptylin 153
Prozac 148, 152
Pseudo-Anorexie 36

PTBS 89, 91 ff., 96 ff.
PTSD 34, 89 ff., 113
Publikumseffekt 103, 105
Pudel 87
Pyruvatkinasemangel 43

R

Reconcile 49, 148, 152
Repetitives Verhalten 59 ff., 73 ff.
Repetitives Zwangsverhalten 60
Resilienz 6, 13, 55, 112, 138 ff., 156 ff.
Restrictive Food Intake Disorder (ARFID) 34
Risikofaktor 12, 22, 41, 46, 74, 110, 120, 125 ff., 139, 144
Rottweiler 75
Rough Collie 30, 74, 87
Rumination Disorder 34
Rutejagen 60, 68
s.a.: Schwanzjagen 58, 64, 66 ff., 74 f., 107

S

Sarafem 152
Saugen 58, 71
Schäferhund 30, 66, 74, 83, 146
Schattenjagen 58, 64, 75
Schilddrüse 56
Schilddrüsenprobleme 41
Schilddrüsenunterfunktion 34
Schizophrenie 41, 114
Schlafprobleme 15
Schmerz 37, 44, 50, 56, 59, 67, 100, 112, 119, 122 ff., 134, 141
Schocktrauma 93
Schreckhaftigkeit 91
Schwanzjagen 58, 64, 66 ff., 74 f., 107
Selbstkontrolle 61, 135
Selbstkorrektur 61
Selegilin 152, 154
Serotonin 8, 14, 51, 56, 71 f., 78 ff., 110, 126, 132, 148 ff.
Serotoninmangel 56
Serotoninstörung 80
Serotonintransporter-Gene 146
Serotonin- und Noradrenalin-Wiederaufnahmehemmer 14, 148
Sertralin 57, 152, 154
Servicehund 28
Sexualhormone 112
Sexualsteroide 56
Sexuelle Funktionsstörungen 110
Shetland Sheepdog 87
Shiba-Inu 75
Smooth Collie 74, 87
Soziale Belohnung 102
Soziale Kompetenz 101, 107 f.
Soziale Konformität 106
Soziale Referenzierung 105
Soziales Lernen 105
Sozialisierung 20, 28, 42, 115, 143
Sozialisierungsphase 116, 157
Sozialphobie 57
Speichelfluss 22
Speicheln 14
Spinning 64, 66, 75
SSRI 51, 148 ff.
Staffordshire Bullterrier 66, 74, 87
Stereotypes Verhalten 58, 71, 74 f., 101, 107, 140, 142
Stereotypien 58, 60, 66, 101
Strafe 48, 96, 144
Stressauslöser 22
Stress, chronischer 26, 29, 84, 139
Stressor 13, 36, 59, 84, 93, 96 f., 112 ff., 122, 132, 140, 142
Stressresistenz 126, 156
Striatum 71, 88
Stubenunreinheit 30
Suchterkrankung 6, 9
Synchronisation 25 ff.

T

Tachykardie 110, 153
Testosteron 151
Therapiebegleithund 28
Tianeptin 153
Tiermodell 12 ff., 122
Trainingsmethode 8, 10, 48, 112
Trainingsproblem 49
Tramadol 152
Trance 72, 73
Trance-ähnliches Syndrom (Trance-like Syndrome – TLS) 72
Trancing 63, 72 ff., 107
Translationaler Ansatz 12

Transmitterveränderung, neurobiologische 12
Trauer 8, 37, 122, 124, 129 ff., 158
Trauerphase 133 ff.
Traum 89, 91
Trauma 13, 91, 93, 95, 112, 118, 147
Traumatisches Ereignis 89 f., 93
Trazodon 51, 64, 152, 154
Trennungsangst 30, 34 f., 40 f., 45 ff., 66, 92, 117, 122 ff., 140 f., 145, 148
Trennungsbedingtes Problem 21 ff.
Trennungsstresssysteme 123
Trichotillomanie (Hair-Pulling-Disorder) 59
Trigger 46, 94 f.
Trimipramin 153
Tryptophan 151
Tyrosinhydroxylase-Gen 83

U

Übelkeit 37, 44, 154
Übergewicht 34, 38 f., 70
Überreiztheit 53
Überstimulierung 85
Umweltfaktor 13, 31, 53, 58
Unaufmerksamkeit 73, 76 f., 82, 85 ff.
Unausgewogene Ernährung 41 f.
Unterforderung 127
Untergewicht 34
Urinieren 14, 22, 29

V

Venlafaxin 57
Vergiftung 56
Verhaltenssynchronisation 132
Vermeidungsverhalten 46, 55
Verstecken 14, 29
Verstopfung 153
Verzweiflungsphase 122, 124
Vitamin B6 70
Vitamin C 70
Vorhersagefehler 100 f.
Vulnerabilitäts-Stress-Modell 46

W

Welpen, Stress von 112
Welpenvermehrer 10
Wheaten Terrier 87
Whippet 72
WHO-Definition 6
Winseln 14, 29, 60, 152

Z

Zerstörerisches Verhalten 22
Zittern 14, 22, 44, 152
Zoloft 152
Zuchthygiene 10, 18, 147, 156
Zwang 59 f., 69 f., 74, 138, 156
Zwangshandlung und Rassedisposition 75
Zwangsneurose 69
Zwangsstörung 8, 30, 34 f., 40 f., 57 ff., 67, 69 f., 73, 75, 88, 118
Zwergpudel 62
Zwergschnauzer 62, 74 f., 87

Weitere Bücher, die Sie interessieren könnten:

Dr. med. vet. Patrick Blättler-Monnier & Katrien Lismont

Schmerzen und Verhalten

Zusammenhänge beim Hund verstehen

Hardcover, ca. 200 Seiten, farbig
ISBN: 978-3-95464-312-7

Hunde sind stille Leider: Bis sie Schmerzen für uns sichtbar in Lahmheit oder Schmerzlauten äußern, sind sie schon unerträglich geworden! Und da Signale für leichteren oder chronischen Schmerz so subtil sein können, werden sie häufig übersehen – mit dem Ergebnis, dass Verhaltensauffälligkeiten wie Angst oder Aggression, aber auch Hibbeligkeit oder Apathie nicht damit in Verbindung gebracht werden. Selbst Veterinäre finden die Entzündungs- und Schmerzherde bei oberflächlicher klinischer Routineuntersuchung meist nicht und übergeben die Hunde als „medizinisch gesund" an den Verhaltenstrainer zurück. Hier beginnt nun ein Teufelskreis, aus dem es kein Entkommen gibt, solange die eigentliche Ursache – der Schmerz – nicht erkannt und behoben wird. Diesem wichtigen Thema widmen sich die erfahrene Hundetrainerin Katrien Lismont und der auf Schmerztherapie und Orthopädie spezialisierte Tierarzt Dr. Patrick Blättler-Monnier, die auch im richtigen Leben immer wieder an hündischen Patienten zusammenarbeiten, in diesem einzigartigen Buch. Lernen Sie verstehen, wie Schmerz entsteht und was er mit dem Körper macht, wie Sie erste Warnsignale für Schmerzen sehen lernen und umgekehrt, bei welchen Verhaltensauffälligkeiten Sie an Schmerzursachen denken sollten. Mit einem Extra-Kapitel zum Zusammenhang von gesunder Welpenentwicklung und Schmerzgeschehen bzw. -prophylaxe.

Sabine Zemla

Stress lass nach

Ein Handbuch für entspannte Hunde und ihre Menschen

Hardcover, 360 Seiten, farbig
ISBN: 978-3-95464-296-0

Immer mehr Hunde haben Stress. Aber warum eigentlich, woran liegt es? Da es den einen Auslöser oder das eine Stressproblem nicht gibt, wirft dieses komplex angelegte Buch einen ganzheitlichen Blick auf gestresste Hunde und vernachlässigt dabei auch den Hundehalter nicht. Die Ursachen und teils massiven Folgen von Stress werden ebenso beschrieben wie die Einflüsse von Ernährung und Kastration auf unsere Hunde. Zudem informiert das Buch über Stresssymptome beim Hund, auf welchen Grundpfeilern eine Hund-Mensch-Beziehung stehen sollte und wie Stress und Verhalten zusammenspielen. Die Autorin, Hundephysiotherapeutin und Trainerin für stressbedingte Verhaltensauffälligkeiten, gibt Trainings- und Therapietipps gegen Stress und stellt Fälle aus der Praxis vor.

Das Buch verändert den Blick auf den eigenen Hund und dient als Türöffner für ein vertrauensvolles Miteinander. Hunden soll es die Sicherheit geben, die sie noch brauchen, um gelassener durchs Leben zu gehen. Hundehalter werden nach der Lektüre wissen, warum ihr Hund so tickt, wie er tickt – und vor allem, wie sie ihn und auch sich selbst in stressigen Zeiten unterstützen können.

Chrissi Schranz

Nur Mut!

Starthilfe für ängstliche Welpen

Nicht alle Welpen sind von Natur aus neugierig, frech und verspielt: Manche sind unsicher und so ängstlich, dass sie zu „Problemhunden“ zu werden drohen.
Nach einem Ausflug in die Entwicklungsphasen des Welpen, die Gesetze des Lernens und das Erkennen der Körpersprache folgt ein durchdachtes Frühförderungsprogramm, mit dem Stressresistenz und Selbstvertrauen gestärkt werden, ohne den Welpen zu überfordern. Aus vielen Bausteinen positiver Erfahrungen in unterschiedlichsten Situationen und einem Gerüst aus strukturiertem Alltag entsteht schließlich ein stabiles Fundament für ein künftiges angstfreies Hundeleben.
Mit Extrakapiteln zu Ernährung, rezeptfreien Hilfsmitteln, psychopharmakologischer Unterstützung und geeigneten Hundesportarten für Angsthasen.

Hardcover, 296 Seiten, farbig
ISBN: 978-3-95464-130-7